**Berichte aus dem
Institut für Umformtechnik
der Universität Stuttgart**

Herausgeber: Prof. Dr.-Ing. K. Lange

60

Michael Rebholz

Interaktives Programmsystem zur Erstellung von Fertigungsunterlagen für die Kaltmassivumformung

Mit 46 Abbildungen

Springer-Verlag
Berlin   Heidelberg   New York   1981

Dipl.-Ing. Michael Rebholz
Institut für Umformtechnik
Universität Stuttgart

Dr.-Ing. Kurt Lange
o. Professor an der Universität Stuttgart
Institut für Umformtechnik

D 93

ISBN-13: 978-3-540-11052-1   e-ISBN-13: 978-3-642-81713-7
DOI: 10.1007/978-3-642-81713-7

2362/3020—543210

Die Umformtechnik zeichnet sich durch sehr gute Werkstoffauswertung und hohe Mengenleistung in der Serienfertigung gegenüber anderen Fertigungsverfahren aus, wobei Beibehaltung der Masse, Änderung der Festigkeitseigenschaften während eines Vorgangs und elastische Rückfederung der Werkstücke nach einem Vorgang wesentliche Merkmale sind. Weiter sind die benötigten Kräfte, Arbeiten und Leistungen sehr viel größer als z.B. bei spanenden Verfahren. Die sichere Beherrschung eines Verfahrens in der industriellen Fertigung und die zunehmende Forderung nach Vermeidung bzw. Minimierung spanender Nacharbeit erzwingen die geschlossene Betrachtung des Systems "Umformende Fertigung" unter zentraler Berücksichtigung plastizitätstheoretischer, werkstoffkundlicher und tribologischer Grundlagen.

Das Institut für Umformtechnik der Universität Stuttgart stellt entsprechend Forschung und Entwicklung zum einen auf die Erarbeitung von Grundlagenwissen in diesen Bereichen ab, zum anderen untersucht und entwickelt es Verfahren unter Anwendung spezieller Meßtechniken mit dem Ziel einer genauen quantitativen Ermittlung des Einflusses der Parameter von Vorgang, Werkstoff, Werkzeug und Maschine. Die Behandlung von Problemen des Maschinenverhaltens, der Maschinenkonstruktion sowie der Werkzeugauslegung und -beanspruchung, der Auswahl hochbeanspruchbarer, verschleißfester Werkzeugbaustoffe und schließlich der Tribologie gehört entsprechend ebenfalls zum Arbeitsgebiet, das durch die Erfassung organisatorischer und betriebswirtschaftlicher Fragen abgerundet wird.

Im Rahmen der "Berichte aus dem Institut für Umformtechnik" erscheinen in zwangloser Folge jährlich mehrere Bände, in denen über einzelne Themen ausführlich berichtet wird. Dabei handelt es sich vornehmlich um Abschlußberichte von Forschungsvorhaben, Dissertationen, aber gelegentlich auch um andere Texte. Diese Berichte sollen den in der Praxis stehenden Ingenieuren und Wissenschaftlern zur Weiterbildung dienen und eine Hilfe bei der Lösung umformtechnischer Aufgaben sein. Für die Studierenden bieten sie die Möglichkeit zur Vertiefung der Kenntnisse. Die seit

zwei Jahrzehnten bewährte freundschaftliche Zusammenarbeit mit
dem Springer-Verlag sehe ich als beste Voraussetzung für das
Gelingen dieses Vorhabens an.

                                       Kurt Lange

V o r w o r t

Die vorliegende Arbeit entstand während meiner Tätigkeit als
wissenschaftlicher Mitarbeiter am Institut für Umformtechnik
der Universität Stuttgart.

Herrn Professor Dr.-Ing. K. Lange danke ich für sein Vertrauen
und seine wohlwollende Unterstützung bei der Durchführung dieser Arbeit.

Herrn Professor Dr.-Ing. H.-J. Warnecke danke ich für die ein-
gehende Durchsicht dieser Arbeit.

Mein Dank gilt ferner allen Mitarbeiterinnen und Mitarbeitern
des Instituts für Umformtechnik, die durch ihre tätige Hilfe
meine Arbeit unterstützt haben.

Die Mittel zur Durchführung dieser Untersuchung wurden vom
Bundesministerium für Forschung und Technologie (BMFT) zur
Verfügung gestellt. Für diese Förderung bin ich gleichfalls
zu Dank verpflichtet.

Stuttgart, Juli 1981   Michael Rebholz

Inhaltsverzeichnis

Verzeichnis der wichtigsten Formelzeichen und Abkürzungen

Größe	Einheit	Bedeutung
A_o	mm²	Ausgangsfläche
A_1	mm²	Endfläche
C	N/mm²	Fließspannung bei Umformgrad $\varphi = 1$
d_o	mm	Rohteildurchmesser
d_2	mm	Dorndurchmesser
d_F	mm	Flanschdurchmesser
d_i	mm	Innendurchmesser
d_L	mm	Lochdurchmesser
k_f	N/mm²	Fließspannung
k_{fm}	N/mm²	mittlere Fließspannung
k_{fo}	N/mm²	Fließspannung bei Fließbeginn
k_S	N/mm²	Schneidwiderstand
l	mm	Reiblänge
l_o	mm	Ausgangslänge
l_1	mm	Endlänge
l_F	mm	Flanschhöhe
l_i	mm	Napftiefe
l_S	mm	Schnittlänge
n	–	Verfestigungsexponent
$\bar{p}_r$	N/mm²	Schubspannung
s	–	Stauchverhältnis
s_B	mm	Napfbodenhöhe
s_W	mm	Wandstärke, Blechdicke
V	mm³	Volumen
$2\,\alpha$	°	Matrizenöffnungswinkel
ε_A	–	relative Querschnittsabnahme
μ	–	Reibzahl
φ	–	Umformgrad

Abkürzungen in den Programmausdrucken

Größe	Einheit	Bedeutung
ABSTRGZ	-	Abstreckgleitziehen
ASW	RE	Anschaffungswert
ASZ	a	Abschreibungszeit
ATG	Stück	Auftragsgröße
B	mm	Napfbodenhöhe
BEK	RE/MJ	Bezogene Energiekosten
BLF	m^2	Belegte Fläche
BSK	RE/kWh	Bezogene Stromkosten
BZRK	$RE/m^2\,a$	Bezogene Raumkosten
CAD	-	Computer-Aided Design
D	mm	Durchmesser
DA	mm	Anfangsdurchmesser
DBF	%	Durchschnittlicher Belastungs-faktor
DE	mm	Enddurchmesser
EA	-	relative Querschnittsabnahme
EAL	kW	Elektrische Anschlußleistung
EKIX	-	Energiekostenindex
EVRSG	MJ/kg	Energieverbrauch bei der Rohstahlgewinnung
EWK	RE	Entwicklungskosten
F	kN	Umformkraft
FWZK	RE/100 Stück	Fixe Werkzeugkosten
GKS	%	Lohngemeinkostensatz
HEEV	MJ/kg	Energieverbrauch bei der Halb-zeugherstellung
HERK	RE/kg	Halbzeugerzeugungsrestkosten
HGES	mm	Werkstücklänge
HK	RE/100 Stück	Herstellkosten
HKO	RE/100 Stück	Summe aus LK, MSSK und WZKUA
HVFP	-	Hohl-Vorwärts-Fließpressen
ISHKS	%/a	Instandhaltungskostensatz
K	-	Kegelstumpf
KF	N/mm^2	Fließspannung
KHB	RE/h	Kosten für Hilfs- und Betriebs-stoffe

Größe	Einheit	Bedeutung
KI	-	Innenkegelstumpf
KIX	-	Kostenindex
KZS	%/a	Kapitalzinssatz
L	-	Werkstücklänge
LK	RE/100 Stück	Lohnkosten
LKB	RE/h	Lohnkosten für Bediener
LKE	RE/h	Lohnkosten für Einsteller
LKIX	-	Lohnkostenindex
MBZ	h/a	Maschinenbelegzeit
MGKS	%	Materialgemeinkostensatz
MK	RE/100 Stück	Materialkosten
ML	Stück/h	Mengenleistung
MNG	%	Maschinennutzungsgrad
MSSK	RE/100 Stück	Maschinenstundensatz
MV	kg/100 Stück	Materialverbrauch
NRFP	-	Napf-Rückwärts-Fließpressen
P	-	Planfläche
PHI	-	Umformgrad
PI	-	Innenplanfläche
R	-	Radius
RE	-	Rechnungseinheit
RK	RE	Rüstkosten
RM	N/mm^2	Zugfestigkeit
RP 0,2	N/mm^2	Streckgrenze
RSGRK	RE/kg	Rohstahlgewinnungsrestkosten
S	mm	Umformweg
SAW	RE/100 Stück	Spanabfallwert
SKIX	-	Stromkostenindex
ST	-	Stauchen
STV	-	Stauchverhältnis
SZB	-	Stellenzahl des Bedieners
SZD	kg/dm^3	Spezifische Dichte
SZE	-	Stellenzahl des Einstellers
VGES	mm^3	Gesamtvolumen
VJ	-	Verjüngen
VVFP	-	Voll-Vorwärts-Fließpressen
VWZK	RE/100 Stück	Variable Werkzeugkosten

Größe	Einheit	Bedeutung
W	J	Umformarbeit
WK	RE/100 Stück	Weitere Kosten
WZKUA	RE/100 Stück	Werkzeugkosten und andere Kosten
Z	-	Zylinder
ZFL	-	Zahl der Fertigungslose
ZI	-	Innenzylinder
ZSA	mm	Zuschnittsabfall

0   <u>Einführung</u>

0.1   <u>Problemstellung</u>

In der industriellen Fertigung ist man zur Sicherung der Wett-
bewerbsfähigkeit bestrebt, durch wirksame Rationalisierungsmaßnahmen die Produktionskosten zu senken. Dieses Ziel wird
in den letzten Jahren verstärkt auch in den Bereichen der Angebotsabwicklung, Konstruktion und Arbeitsvorbereitung verfolgt.
Berücksichtigt man, daß die Durchlaufzeit in diesen Bereichen
60 % der Gesamtdurchlaufzeit betragen kann [1], erscheinen hier
Rationalisierungsmaßnahmen erfolgversprechend.

Der Grund für den hohen Anteil dieser Bereiche an der Gesamtdurchlaufzeit ist·unter anderem darin zu suchen, daß in der
Fertigung ständig neue Technologien und Verbesserungen einge-
führt wurden, während die Angebotsabwicklung, Konstruktion und
Arbeitsvorbereitung weitgehend noch mit herkömmlichen Hilfsmitteln arbeiten. Dadurch können sie mit der erhöhten Produktions-
geschwindigkeit nicht standhalten und stellen somit – übertrie-
ben formuliert – einen "Hemmschuh" im Produktionsablauf dar.
Hinzu kommt außerdem, daß die verbesserten Technologien in der
Fertigung einen immer höheren Planungsaufwand in der Arbeitsvorbereitung erforderlich machen.

Die Angebotsabwicklung sieht sich zudem noch vor dem Problem,
daß das Verhältnis aus der Zahl der Anfragen und der Zahl der
Aufträge immer ungünstiger wird [2]. Dies bedeutet aber, daß
immer mehr Zeit aufgebracht werden muß, um einen Auftrag in
die Fertigung geben zu können. Da i. a. der Zeitaufwand für
die Angebotsbearbeitung dem Unternehmen nicht direkt vergütet
wird, erscheint es besonders vordringlich, der Angebotsabwicklung solche Hilfsmittel zur Verfügung zu stellen, die eine
möglichst schnelle Angebotsbearbeitung ermöglichen. Hier bietet
sich der Einsatz von Rechenanlagen an. Geeignete Rechenprogramme sollten detaillierte Aussagen erlauben über

    - die erforderlichen Fertigungsstufen,

- die Maschinenauswahl,
- die Herstellkosten und
- die Terminplanung.

Diese Kenndaten genügen nicht nur für eine vollständige Angebotserstellung, sondern stellen gleichzeitig eine gute Grundlage für die Konstruktion und Arbeitsvorbereitung dar.

0.2 Stand der Erkenntnisse

Das Computer-Aided Design (CAD) hat hauptsächlich auf den Gebieten rechnerunterstützte Zeichnungserstellung und rechnerunterstützte Arbeitsplanerstellung für die spanabhebenden Fertigungsverfahren eine längere Tradition. Zum einen wurden im Rahmen der drei Datenverarbeitungsprogramme des Bundesministeriums für Forschung und Technologie (BMFT) mehrere CAD-Programme entwickelt, zum anderen haben aber auch ausländische Universitätsinstitute und die in- und ausländische Industrie großen Anteil an dieser Entwicklung. Die heute angebotenen CAD-Programme lassen sich im wesentlichen in drei Gruppen aufteilen:

1. Programme zur Zeichnungserstellung
2. Programme zur Arbeitsplanerstellung
3. Programme zur Bereitstellung von Hilfsmitteln

Eine Aufzählung aller entwickelter CAD-Programme kann nur unvollständig sein, da ihre Zahl sehr groß ist und viele Programme sich noch in der Entwicklungs- bzw. Testphase befinden, so daß in den Veröffentlichungen zum Teil nur ein unvollständiges Bild wiedergegeben wird. Trotzdem soll versucht werden, einen groben Überblick über den Stand der CAD-Entwicklungen zu geben.

Auf dem Gebiet der rechnerunterstützten Zeichnungserstellung seien stellvertretend die Programmsysteme CADAM [3],DETAIL 2 [4], PHILIKON [5] und PROREN 1 [6] für die zweidimensionale Zeichnungserstellung und die Programme BUILD [7], CADD [8], COMPAC [9], COMVAR [10], EUKLID [11], EUCLID [12], GEOLAN [13],

GEOMAP [14], GIPSY [15], GLIDE [16], MOREA [17], OLYKON [18],
PADL [19], PHIPAD [20], PROREN 2 [21], REKO [22] und TIPS - 1
[23] für die dreidimensionale Zeichnungserstellung genannt. Die
Programme unterscheiden sich in der Art der Verarbeitungsform
(Dialog- oder Stapelbetrieb) und in der Art des Konstruktions-
prinzips (Neukonstruktion - Variantenkonstruktion). Einige
Programme sind nur für einen speziellen Anwendungszweck ver-
wendbar, so eignet sich z. B. das Programm PHIPAD nur zur Beschreibung von Blechteilen.

Eine Vielzahl von Programmen wird auch für die rechnerunterstützte Arbeitsplanerstellung im Bereich der spanabhebenden
Fertigungsverfahren (auf den Bereich der Umformtechnik wird
später eingegangen) angeboten. Stellvertretend seien hier einige Programmsysteme zur Arbeitsplanung für konventionelle Werkzeugmaschinen genannt: ARPL [24], AUTAP [25], AUTODAK [26, 27],
CAPSY [28], DREKAL [29] und VARAPE [30]. Hinzu kommen noch die
Programmsysteme für die NC-Programmierung von Werkzeugmaschinen,
die hier jedoch nicht näher aufgeführt werden sollen. Eine ausführliche Aufzählung und Beschreibung der zur Zeit angebotenen
CAD-Programme zur rechnerunterstützten Zeichnungserstellung
und Arbeitsplanung ist in [28] enthalten.

Während bei den spanabhebenden Fertigungsverfahren auf dem Gebiet der rechnerunterstützten Arbeitsplanerstellung die Zahl
der Programmentwicklungen relativ groß ist, sind in der Umformtechnik bisher noch verhältnismäßig bescheidene Anfänge zu
verzeichnen. Der Grund hierfür ist darin zu suchen, daß in der
Umformtechnik die Festlegung des Arbeitsablaufs ungleich größere Schwierigkeiten bereitet als bei der spanabhebenden Fertigung. Die Problematik der Bestimmung des günstigsten Rohteildurchmessers sei hier stellvertretend für die gesamte Problematik erwähnt. Sowohl in der Blechumformung als auch in der
Massivumformung liegen bisher nur sehr wenige Programmsysteme
vor. Für die Blechumformung wird in [31] ein Dialogprogramm
vorgestellt. Noack [32] hat für die Kaltmassivumformung ein
erstes Programmsystem für die rechnerunterstützte Arbeitsplanerstellung entwickelt und hat damit bewiesen, daß auch in der
Massivumformung mit Erfolg CAD-Programme eingesetzt werden

können, wenngleich das vorgestellte Programm für die indu-
strielle Praxis einerseits noch zu begrenzt ist in bezug auf
das zugelassene Teilespektrum, andererseits noch zu benutzer-
unfreundlich ist. Als Teilespektrum sind nur einseitig steigende Voll- und Hohlkörper zugelassen (Bild T 1). Ein weiterer
Nachteil ergibt sich aus der Verarbeitungsform und der Program-
miersprache, da der Programmablauf nur im BATCH-Betrieb möglich
ist und die wesentlichen Programmteile in dem für heutige An-
forderungen veralteten ALGOL programmiert sind. Trotz dieser
Nachteile ist die grundsätzliche Vorgehensweise bei der Bestimmung des Arbeitsablaufs für die Kaltmassivumformung allge-
mein gültig.

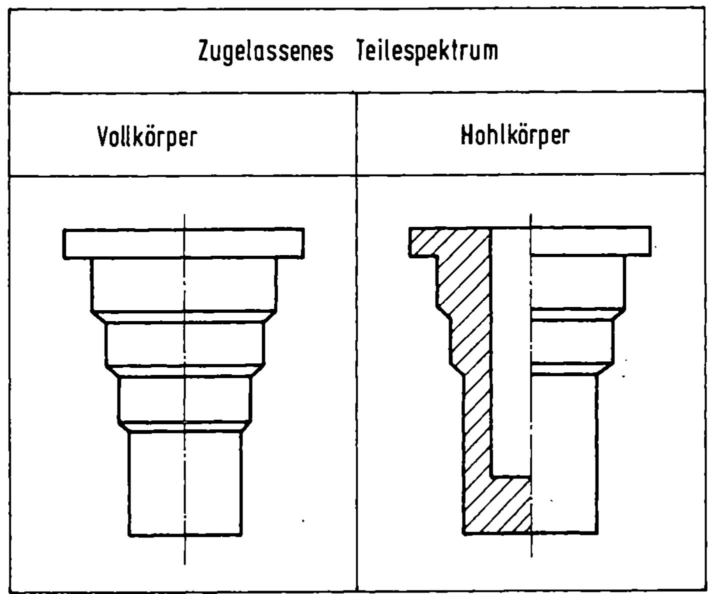

Bild T 1: Zugelassenes Teilespektrum für die rechnerunterstützte Arbeitsplanerstellung in der Kaltmassivumformung
nach Noack [32].

Zum dritten Punkt der obigen Aufzählung, den Hilfsmitteln, liegen ebenfalls nur sehr wenige Programme vor. Die Programme

WERKAT [33] und WERSPA [33] bieten einen praxisgerechten Werk-
stoffkatalog bzw. Werkzeug-Spannmittel-Katalog für die spanab-
hebende Bearbeitung an. Hinzu kommt noch ein Programm zur rechnerunterstützten Erstellung und Aktualisierung von Relativ-
kosten-Katalogen [34].

Der Vollständigkeit wegen sei erwähnt, daß im Bereich der Konstruktion noch die CAD-Programme für die Auslegung und Berechnung von Umformwerkzeugen hinzukommen. Hier hat es in den
letzten Jahren erhebliche Fortschritte gegeben. Auf eine Aufzählung dieser Programme wird jedoch verzichtet, da sie fach-
lich nicht der Zeichnungs- und Arbeitsplanerstellung zugeordnet werden können.

0.3   Zielsetzung

Ziel der Untersuchung ist es, einen Beitrag zur Auffindung
wirtschaftlicher Fertigungsmöglichkeiten unter Einsatz elektro-
nischer Datenverarbeitungsanlagen für das Kaltmassivumformen
rotationssymmetrischer Werkstücke zu leisten. Ein modular auf-
gebautes Programmsystem ermöglicht einen geschlossenen Infor-
mationsfluß von der Werkstückzeichnung bis zur Werkstückfertigung. In diesem Programmsystem werden alle routinemäßigen
Planungsaufgaben dem Rechner übertragen, wobei jedoch eine
größtmögliche Flexibilität für schöpferische Überlegungen
gesichert ist.

Das System weist im einzelnen folgende Spezifikationen auf:

1. Möglichkeit zur Werkstückbeschreibung von rotationssymmetrischen, durch Kaltmassivumformen herstell-
   baren Werkstücken.
2. Möglichkeit zum Auslegen der Arbeitsvorgangsfolge unter technologischen Gesichtspunkten.
3. Möglichkeit zur Berechnung der wichtigsten Vorgangskenngrößen beim Kaltmassivumformen.
4. Möglichkeit zum Berechnen der Herstellkosten in der
   Kaltmassivumformung.

Dieses Programm kann als ein wesentlicher Baustein eines Gesamt-
systems zur rechnerunterstützten Arbeitsvorbereitung in der
Kaltmassivumformung betrachtet werden. Das Gesamtsystem soll
aus vier Moduln bestehen (Bild T 2):

- werkstückbezogener Modul (1),
- verfahrensbezogener Modul (2),
- werkzeugbezogener Modul (3) und ein Modul zur
- Kostenanalyse (4).

In dem in dieser Arbeit beschriebenen Programm sind die Moduln
1, 2 und 4 sowie das Steuerprogramm enthalten. Für den Modul 3
wurden in [35, 36] die theoretischen Grundlagen erarbeitet, so
daß einer Ankopplung der in diesen Arbeiten entwickelten
Programme keine größeren Schwierigkeiten entgegenstehen. Mit
diesem Gesamtsystem können dann, ausgehend von der Eingabe
der Werkstückdaten und des Werkstückwerkstoffs, der Arbeitsplan,
die Vorgangskenngrößen, die Werkzeugauswahl und die Werkzeugauslegung rechnerunterstützt ermittelt werden. Für die Werkzeug-
zeichnung wäre noch zu prüfen, ob eines der in Abschnitt 0.2 beschriebenen Programme zur rechnerunterstützten Zeichnungserstellung für diese Zwecke geeignet ist, oder ob die Entwicklung eines neuen Programms erforderlich ist.

Das Kernstück des in dieser Untersuchung entwickelten Programmsystems stellt der Modul 2 dar, in dem der Arbeitsplan erstellt wird. Dieser Programmteil wurde, wie später im einzelnen noch gezeigt wird, mit verschiedenen Eingriffsmöglichkeiten versehen. Damit sollen möglichst viele Wünsche und Anfor-
derungen des Anwenders bereits während des Programmablaufs berücksichtigt werden. Trotzdem können die mit diesem Programm
erstellten Arbeitspläne nicht bis in alle Details ausgereift
sein, da viele Kriterien, die für die Auslegung des Arbeitsplans von Bedeutung sind, nicht quantifizierbar sind und sich
somit nicht in einen Algorithmus einordnen lassen. Diese Arbeitspläne sollen vielmehr eine Arbeitsgrundlage für den An-

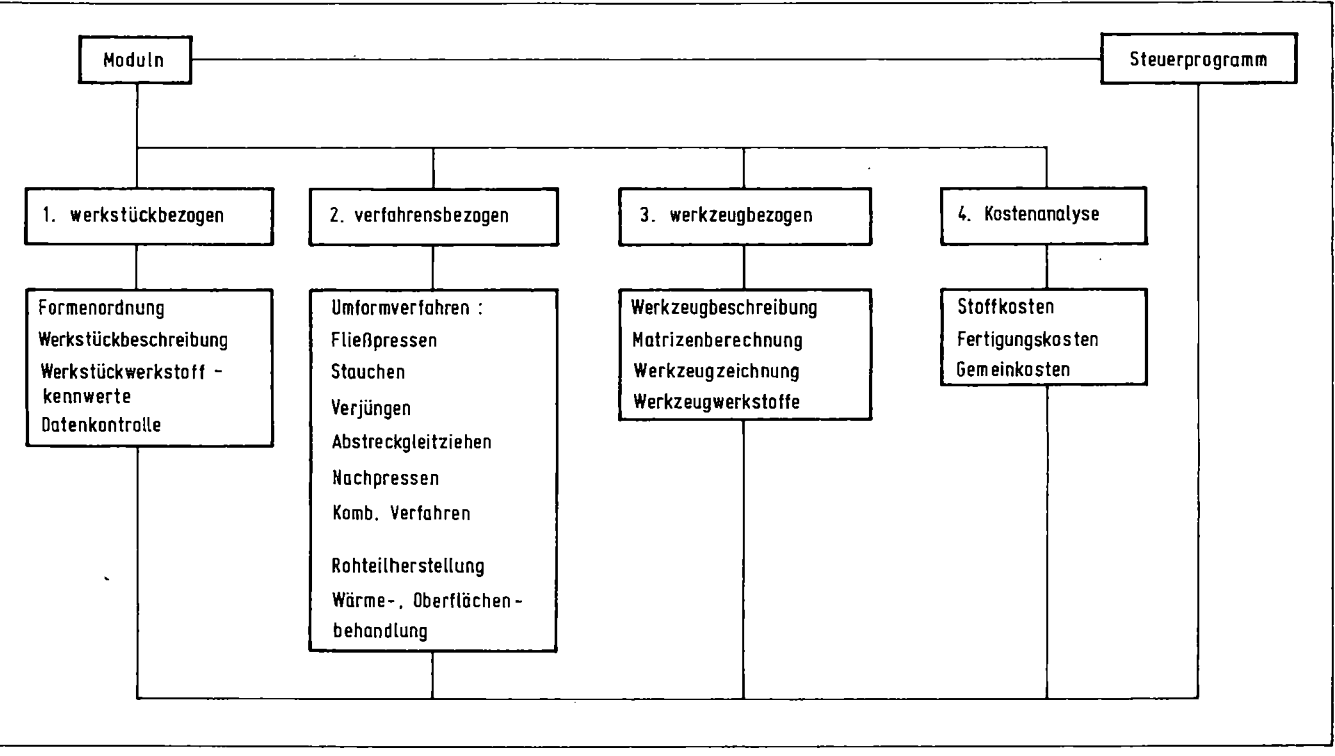

Bild T 2: Gesamtsystem: Erstellen von Fertigungsunterlagen für das Kaltmassivumformen.

wender darstellen, in der mögliche Zwischenformenfolgen[1] vorgeschlagen und die dazugehörigen Vorgangskenngrößen, die für die Maschinenauswahl wichtig sind, enthalten sind. Die Feinauslegung des Arbeitsplans ist aber weiterhin dem Anwender überlassen. Aus diesem Grund liegt der Anwendungsbereich dieses Programmsystems hauptsächlich in der Angebotsbearbeitung, denn hier müssen in kürzester Zeit die Stadienfolgen und die erforderlichen Maschinen festgelegt werden, um ein Kostenangebot erstellen zu können. Die Feinauslegung des Arbeitsplans ist erst in einer späteren Phase notwendig, nämlich dann, wenn ein Fertigungsauftrag erteilt wurde.

Eine wesentliche Rolle bei der Ermittlung der Zwischenformenfolge kann die Frage spielen, ob auf einer Mehrstufenpresse oder auf mehreren Einstufenpressen gefertigt werden soll. Bei einer Fertigung auf einer Mehrstufenpresse wird die Anzahl der Zwischenformen i. a. bereits durch die Anzahl der zur Verfügung stehenden Werkzeugstationen der Presse festgelegt, d. h. der Gesamtumformvorgang wird auf die einzelnen Werkzeugstationen so aufgeteilt, daß in jeder Station ungefähr die gleiche Umformung erfolgt. Bei der Fertigung auf mehreren Einstufenpressen wird man dagegen immer bestrebt sein, die Anzahl der erforderlichen Zwischenformen zu minimieren.

In dieser Untersuchung wurde grundsätzlich von der Fertigung auf mehreren Einstufenpressen ausgegangen, da die nach dieser Voraussetzung ermittelten Zwischenformenfolgen größere Allgemeingültigkeit besitzen, als wenn von einer Fertigung auf Mehrstufenpressen ausgegangen worden wäre.

---

[1] Durchläuft ein Werkstück eine zusammenhängende Reihe von Arbeitsvorgängen, so werden nach DIN 8580 die Endformen der einzelnen Arbeitsvorgänge, die zugleich die Ausgangsformen der nächsten Arbeitsvorgänge sind, als Zwischenformen bezeichnet. In dieser Untersuchung wird deshalb der Begriff "Zwischenformenfolge" verwendet, sofern nur die geometrische Beschreibung der Zwischenformen gemeint ist. Im Gegensatz dazu steht der Begriff der Arbeitsvorgangsfolge, der dann Anwendung findet, wenn neben der Geometrie der Zwischenformen zusätzlich noch Vorgangskenngrößen erfaßt werden.

1 Aufbau des Programmsystems

Da das Programmsystem sehr umfangreich ist (ca. 10 000 Anweisungen), wurde es mit Rücksicht auf eine evtl. Installation auf einem Kleinrechner in einzelne Programmteile aufgeteilt. Diese Programmteile sind voneinander weitgehend unabhängig, der Datentransfer erfolgt im wesentlichen über zwei Dateien:

- der Geometriedatei, in der sämtliche geometrischen Daten des Werkstücks und der erforderlichen Zwischenformen abgespeichert sind und

- der Werkstoffdatei, in der die wichtigsten Werkstoffkennwerte abgespeichert sind (s. Abschnitt 5.1.2.2).

Für die Berechnung der Herstellkosten müssen zusätzlich einige Angaben zu den Werkzeugkosten und den Maschinenkosten eingegeben werden.

Der Ablauf des Programmsystems ist in Bild T 3 dargestellt. Begonnen wird mit der Werkstückbeschreibung und der Werkstoffangabe (Programmteil 1). Danach erfolgt die Berechnung der Arbeitsfolge und der Vorgangskenngrößen. Hierfür stehen vier Programmteile zur Verfügung:

- Programmteil 2 a) für einseitig steigende Vollkörper,
- Programmteil 2 b) für zweiseitig steigende Vollkörper,
- Programmteil 2 c) für einseitig steigende Hohlkörper,
- Programmteil 2 d) für zweiseitig steigende Hohlkörper.

Im Programmteil 3 wird das Verfahren zur Rohteilherstellung festgelegt. Die Herstellkosten werden im Programmteil 4 berechnet. Falls eine graphische Ausgabe der Zwischenformenfolge gewünscht wird, muß hierfür der Programmteil 5 aufgerufen werden.

Der gesamte Programmablauf erfolgt im Dialogbetrieb. Dadurch kann der Anwender an einigen Stellen des Programms direkt eingreifen. So kann er

- sofort Korrekturen vornehmen (z. B. bei der Eingabe der Werkstückgeometrie),

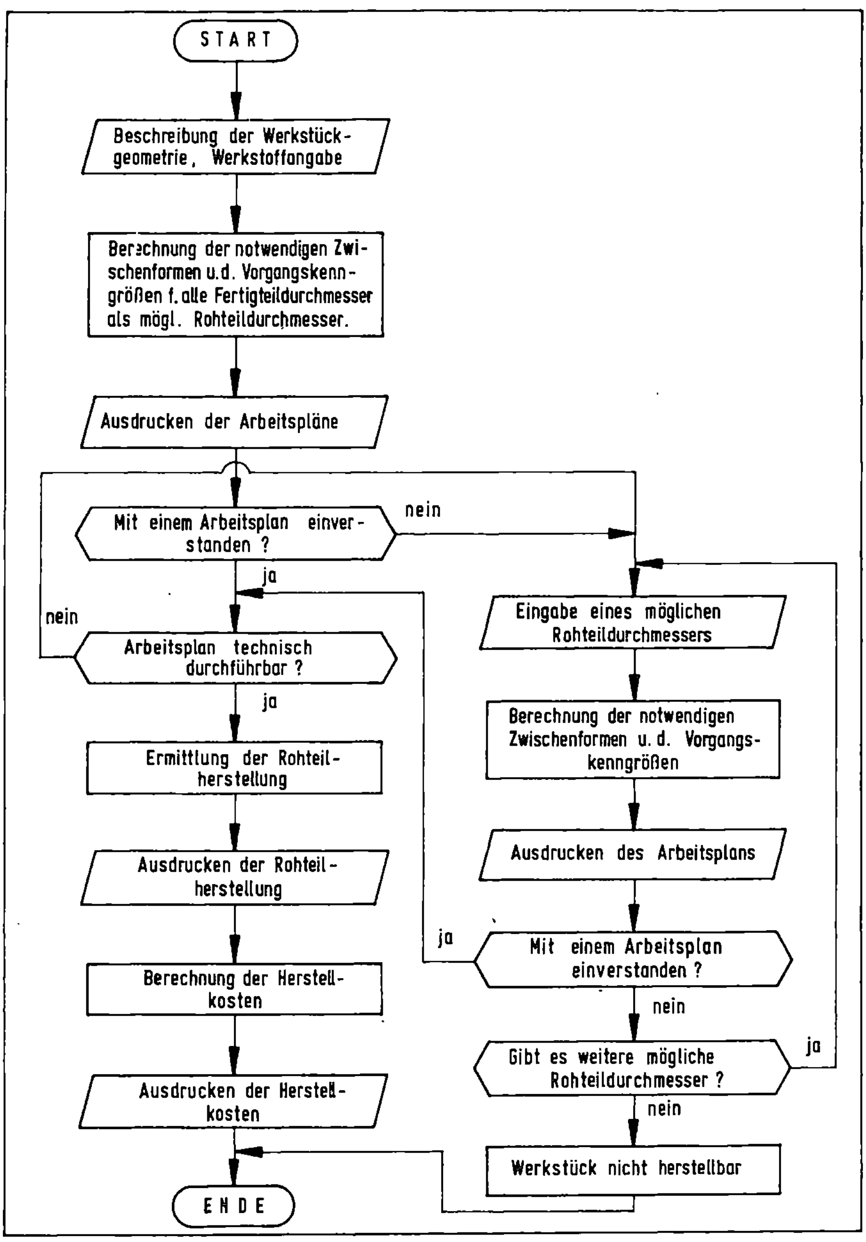

Bild T 3: Flußdiagramm des Programmsystems "Rechnerunterstützte Arbeitsplanerstellung in der Kaltmassivumformung".

- einzelne Programmteile mit geänderten Eingabedaten
  wiederholen (z. B. Berechnung der Arbeitsvorgangsfolge bei verschiedenen Rohteildurchmessern),
- im Programm vorgegebene Kennwerte modifizieren (z. B.
  die Reibzahl oder den Matrizenöffnungswinkel bei der
  Berechnung des Kraftbedarfs) und
- aufgrund der Ergebnisse entscheiden, ob die Zwischenformenfolge gezeichnet werden soll.

Durch diese Eingriffsmöglichkeiten ist eine größtmögliche
Flexibilität des Programmsystems gewährleistet.

Das Programm wurde in FORTRAN IV geschrieben.

Bild T 4 gibt einen Überblick über die Einflußgrößen, die bei
der Erstellung des Programmsystems zu berücksichtigen waren.
Mit Ausnahme der Werkstoffdatei (s. Abschnitt 5.1.2.1) und der
Prioritätenliste der zugelassenen Umformverfahren (s. Abschnitt
5.1.4) wurden diese Einflußgrößen bereits in [32] weitgehend
zusammengestellt.

Bedingt durch das erweiterte Werkstückspektrum (s. Abschnitt
5.1.1) ergaben sich jedoch vielfältige Probleme bei der
Programmierung, von denen hier ein wesentliches Problem stellvertretend geschildert werden soll.

Große Schwierigkeiten bereitete die Entwicklung der Programm-
ablaufpläne bei der Ermittlung der Zwischenformen, da die Anzahl der zur Verfügung stehenden Umformverfahren bedingt durch
das erweiterte Werkstückspektrum sehr groß geworden ist. So
stehen z. B. zur Fertigung von zweiseitig steigenden Hohlkörpern insgesamt 18 Verfahrenskombinationen und 11 Einzelverfahren zur Verfügung. Diese 29 Fertigungsmöglichkeiten müssen für
jeden Fertigteildurchmesser auf ihre Anwendbarkeit hin überprüft
werden, wobei für die Herstellung eines Fertigteildurchmessers
unter Umständen mehr Zwischenformen erforderlich sein können.
Hierbei kommt noch erschwerend hinzu, daß die Anwendung eines
Fertigungsverfahrens die Anwendung eines anderen unmöglich
machen kann, so daß sich die Anzahl der technologisch bedingten
Abfragen im Programm noch wesentlich erhöht. Außerdem müssen

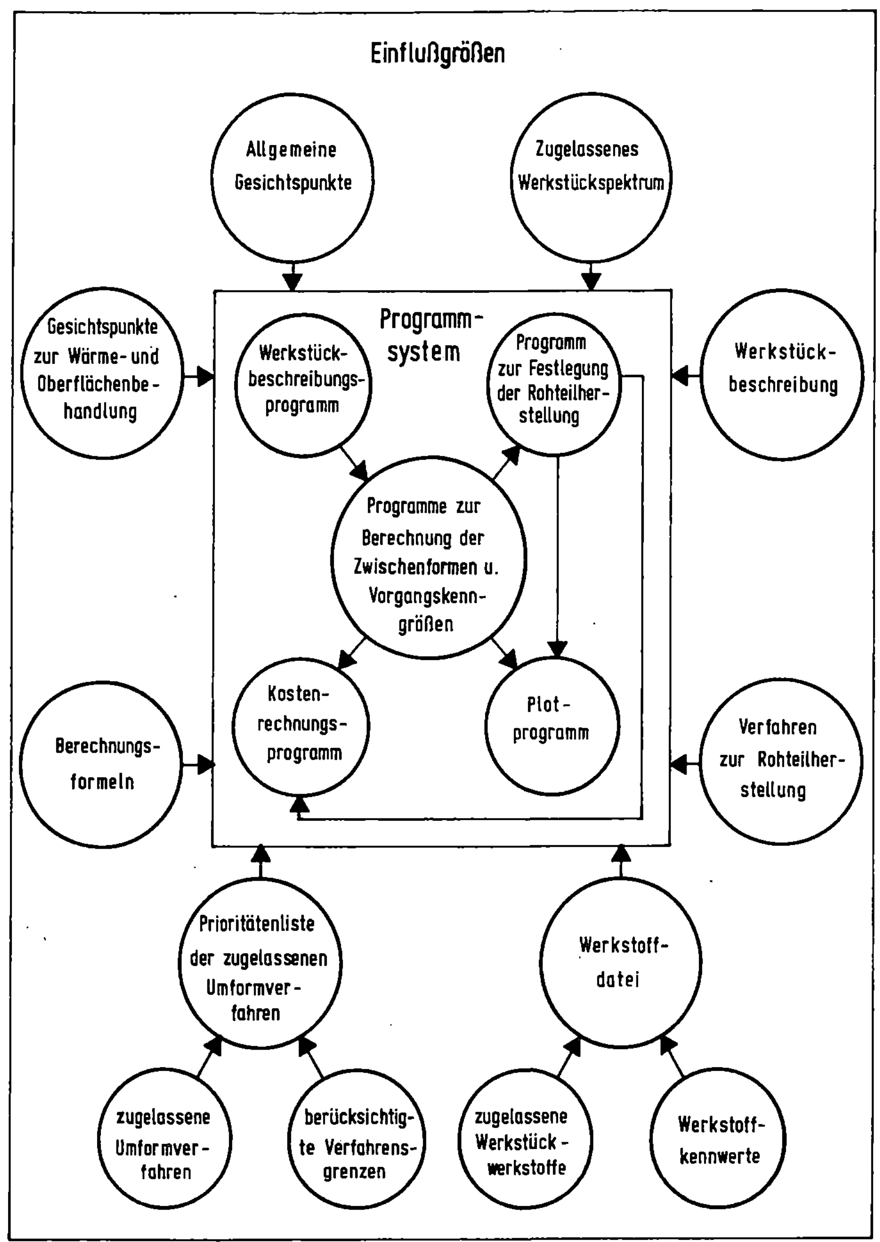

Bild T 4: Einflußgrößen auf das Programmsystem "Rechnerunterstützte Arbeitsplanerstellung in der Kaltmassivumformung".

für jede der 29 Fertigungsmöglichkeiten i. a. mehrere Verfahrensgrenzen (s. Abschnitt 5.1.5) überprüft werden.

Trotz dieser sehr komplexen Abhängigkeiten war bei der Programmierung im Hinblick auf eine spätere Installation auf einem
Kleinrechner stets auf minimalen Speicherplatzbedarf zu achten,
so daß auf mehrfach indizierte Datenfelder, die die Programmer-
stellung erleichtern, verzichtet werden mußte.

2   Rohteilherstellung

In der Kaltmassivumformung wird bei der Herstellung rotationssymmetrischer Werkstücke im allgemeinen Rundmaterial in Form
von Stäben oder Drahtabschnitten als Ausgangsform verwendet.
Zur Herstellung dieser Abschnitte stehen verschiedene Verfahren zur Verfügung. Bei der Verfahrensauswahl sind folgende
Kriterien zu berücksichtigen:

- Stückzahl,
- Rohteildurchmesser,
- Werkstoff und
- nachfolgende Umformverfahren.

2.1   Sägen

Beim Kaltsägen unterscheidet man zwischen Kreis-, Band- und
Bügelsägen, wobei meistens das Kreissägen mit automatischer
Werkstoffzuführung verwendet wird. Die Schnittflächen der ge-
sägten Rohteile weisen gute Parallelität und Rechtwinkligkeit
der Werkstückachse auf (Toleranz < 0,2 mm). Die Rohteile müssen
jedoch in aller Regel entgratet werden. Das Entgraten kann entweder im Vibrations- oder Trommelentgrater oder aber thermisch erfolgen.

Als weiterer Nachteil des Sägens ist der Werkstoffverlust zu
nennen, der von der Sägeblattdicke abhängt. Dieser Werkstoffverlust macht sich hauptsächlich bei kleinem Verhältnis von
Rohteillänge/Rohteildurchmesser bemerkbar.

Das Sägen ist aber ab ≈ 60 mm Rohteildurchmesser das einzige
wirtschaftliche Verfahren zur Rohteilherstellung in der Kaltmassivumformung.

2.2   Scheren

Das Scheren ist das für Stahl am häufigsten verwendete Verfahren zur Rohteilherstellung. Dieses Verfahren wird zur Herstellung von Rohteilen verwendet, deren Verhältnis Rohteillänge/
Rohteildurchmesser, das sogenannte Scherverhältnis, > 0,5 ist.

Für Stahl mit 0,1 % Kohlenstoff kann unter Umständen das Scherverhältnis sogar bis auf 0,3 absinken. Es tritt dann jedoch ein
zunehmender Verschleiß der Scherwerkzeuge auf, außerdem wird
das Rohteil sehr stark verformt. Folgende Scherverhältnisse
können in der Praxis mit Sicherheit erreicht werden:

Kohlenstoffgehalt	Scherverhältnis
< 0,1 %	> 0,8
> 0,1 %	> 0,5

Je nach der Größe des Scherverhältnisses, des Werkstoffs und
der nachfolgenden Umformverfahren muß nach dem Scheren ein
Setzvorgang angeschlossen werden.

Die Längentoleranz der gescherten Rohteile liegt, je nach dem
verwendeten Werkstoff, zwischen 0,5 und 1 % [37].

Für den Umformvorgang ist die Form des Rohteils und die Quali-
tät der Scherfläche von großer Bedeutung. Einfluß darauf kann
über den Schnittspalt, die Schneidenform und die Scherge-
schwindigkeit genommen werden [37].

2.3   Sonstige Verfahren

2.3.1   Abstechen

Der Vorteil des Abstechens liegt in der erreichbaren Längentoleranz (< 0,1 mm). Das Verfahren wird jedoch nur sehr selten
eingesetzt, da es in der Großserienfertigung unwirtschaftlich
ist. Lediglich bei der Herstellung von Rohrabschnitten wird
es häufiger eingesetzt. Trotzdem wird es in dieser Untersuchung wegen seiner geringen Verbreitung nicht weiter berücksichtigt.

2.3.2   Ausschneiden

Das Ausschneiden wird bei der Herstellung von Rohteilen für die
Kaltmassivumformung ebenfalls nur sehr selten verwendet. In dieser Untersuchung wird dieses Verfahren deshalb nicht berücksichtigt.

2.4   Vergleich der Verfahren zur Rohteilherstellung

Für die Rohteilherstellung in der Kaltmassivumformung stehen
also im wesentlichen die zwei Verfahren

- Sägen und Entgraten sowie
- Scheren und evtl. Setzen

zur Verfügung. Bedeutend bei der Auswahl des Verfahrens zur
Rohteilherstellung sind die Herstellkosten. Diese hängen zum
einen vom Rohteildurchmesser und zum anderen von der Stückzahl
ab. In einem Kostenvergleich wurden deshalb die Grenzstückzahlen in Abhängigkeit vom Rohteildurchmesser bestimmt. Der Rohteildurchmesser wurde variiert von d_o = 10 mm bis d_o = 100 mm.

In Bild T 5 sind die Ergebnisse der Berechnungen dargestellt.
Die Grenzstückzahlen liegen umso höher, je kleiner der Rohteildurchmesser ist. Während bei d_o = 100 mm Rohteildurchmesser
die Grenzstückzahl bei 595 Stück liegt, beträgt sie bei
d_o = 10 mm Rohteildurchmesser 4 850 Stück.

Diese Grenzstückzahlen sind jedoch für eine Großserienfertigung, wie sie in der Kaltmassivumformung vorliegt, unbedeu-
tend als Entscheidungskriterium. Sie wurden deshalb im
Programmteil "Rohteilherstellung" nicht berücksichtigt.

2.5   Aufbau des Programmteils

Der Aufbau des Programmteils "Rohteilherstellung" ist aus
Bild T 6 zu entnehmen.

Das Programm beginnt mit der Eingabe des Rohteildurchmessers

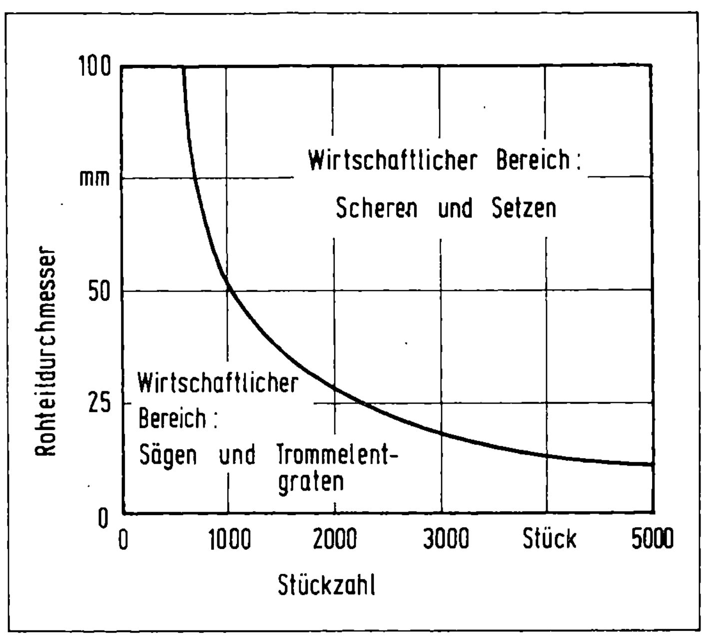

Bild T 5 : Einsatzgebiete der Verfahren Sägen und Entgraten bzw.
Scheren und Setzen bei der Rohteilherstellung in Abhängigkeit vom Rohteildurchmesser und der Stückzahl.

und des Rohteilvolumens. Je nach Rohteildurchmesser, Scherverhältnis und dem nachfolgenden Arbeitsgang stehen folgende Verfahren zur Rohteilherstellung zur Verfügung:

- Sägen und Entgraten,
- Sägen und Setzen,
- Scheren,
- Scheren und evtl. Setzen und
- Scheren und Setzen.

Ein Beispiel für den Programmteil "Rohteilherstellung" zeigt
Bild B 1.

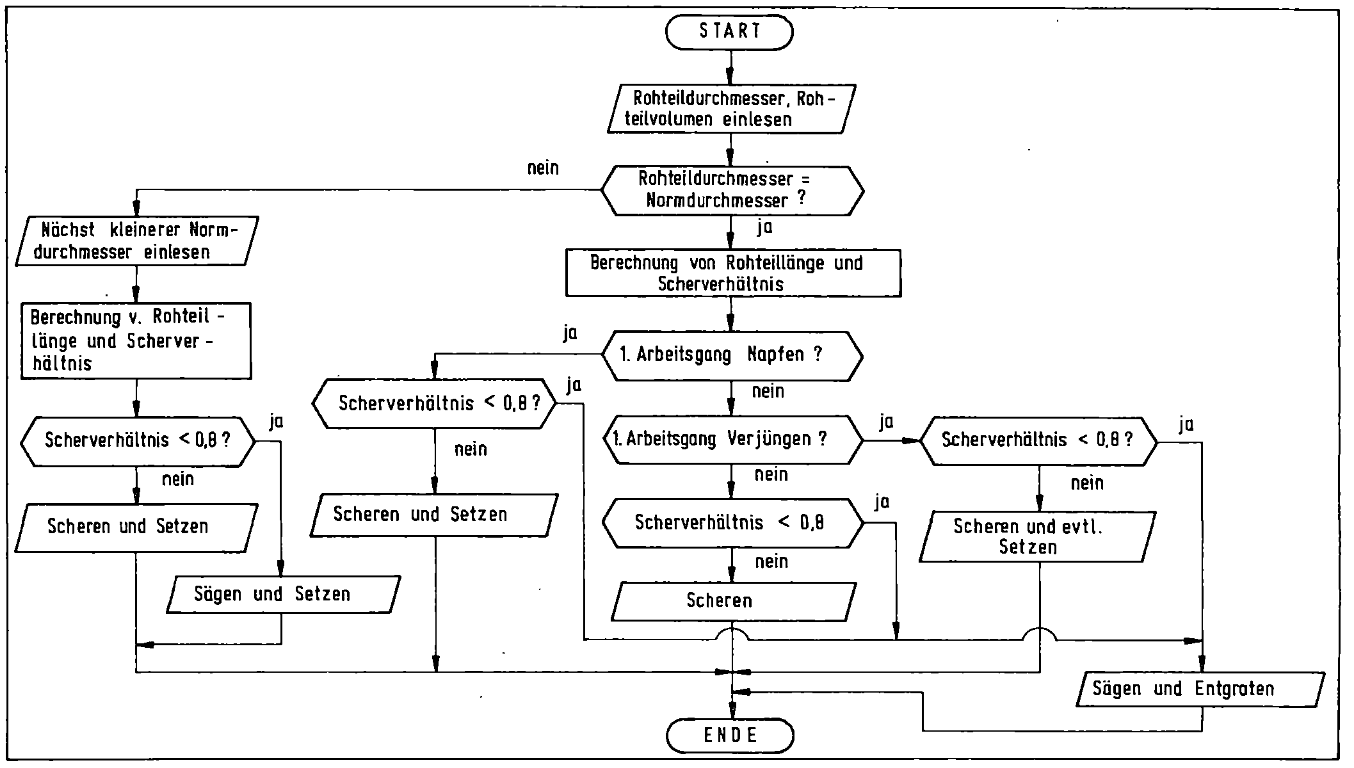

Bild T 6 : Flußdiagramm des Programmteils "Rohteilherstellung".

3 Wärme- und Oberflächenbehandlung

Die Kriterien für den richtigen Zeitpunkt und die richtige Anzahl der Wärme- und Oberflächenbehandlungen innerhalb einer Arbeitsvorgangsfolge sind nur sehr schwer in ein Rechenprogramm einzuarbeiten, da sie quantitativ nicht immer zu erfassen sind.
Dies gilt hauptsächlich für die Oberflächenbehandlung, weil es
hier meist im Ermessensbereich des Arbeitsplaners liegt, ob
und wann er eine Oberflächenbehandlung für erforderlich hält.
Bei dieser Entscheidung ist auch zu berücksichtigen, ob das
Werkstück auf mehreren Einstufenpressen oder auf einer Mehrstufenpresse gefertigt werden soll.

Im Fachschrifttum liegen zu diesem Problemkreis leider keine
Empfehlungen oder Aussagen vor. Deshalb können die im folgenden
beschriebenen Annahmen nicht allgemeingültig sein. Es handelt
sich hier vielmehr um Empfehlungen.

Der Zeitpunkt und die Anzahl der vorgesehenen Wärme- und Oberflächenbehandlungen können aber im Programm mit geringem Aufwand verändert werden.

3.1 Wärmebehandlung

Im Rechenprogramm ist dann eine Wärmebehandlung vorgesehen, wenn
entweder in der nächsten Umformstufe der zulässige Gesamtumformgrad überschritten wird, um eine Überlastung der Werkzeuge zu
vermeiden, oder aber nach folgenden Umformverfahren

   - Napf-Vorwärts-Fließpressen,
   - Napf-Rückwärts-Fließpressen,
   - Napf-Vorwärts- /Rückwärts-Fließpressen und
   - Stauchen mit Vorstauchen,

sofern die mit diesen Verfahren umgeformten Werkstückpartien
weiter umgeformt werden sollen, da bei diesem Verfahren der
Umformgrad i. a. so groß ist, daß vor dem nächsten Arbeitsvor-
gang zum Schutz der Werkzeuge eine Wärmebehandlung notwendig
ist.

Als Wärmebehandlung werden vorgeschlagen:

- Weichglühen im Anschluß an die Rohteilherstellung,

- Normalglühen oder Rekristallisationsglühen bei Wärmebehandlung zwischen zwei Umformstufen.

3.2   Oberflächenbehandlung

Bei der Oberflächenbehandlung wird zwischen zwei Verfahrensschritten unterschieden:

a) Beizen, Phosphatieren, Schmieren

Diese Verfahrensfolge muß grundsätzlich nach einer Wärmebehandlung durchgeführt werden.

b) Schmieren

Nach folgenden Umformverfahren ist für die Werkstücke eine Schmierung vorgesehen

- Voll-Vorwärts- bzw. Voll-Rückwärts-Fließpressen,
- Hohl-Vorwärts- bzw. Hohl-Rückwärts-Fließpressen,
- zweimaligem Verjüngen in oder gegen die Stempelrichtung,
- zweimaligem Abstreckgleitziehen,

sofern die mit diesen Verfahren umgeformten Werkstückpartien weiter umgeformt werden sollen, da nach Anwendung dieser Verfahren keine gesicherte Schmierfilmdicke mehr gewährleistet ist.

4   Werkstückbeschreibung

Im Rahmen einiger CAD-Programme für die rechnerunterstützte
Arbeitsplanerstellung im Bereich der spanabhebenden Fertigungsverfahren (s. Absch. 0.2) wurden bereits sehr leistungsfähige
Rechenprogramme zur Werkstückbeschreibung erstellt.Deshalb erschien es angebracht, die bisher angebotenen Programme auf ihre Anwendbarkeit für die Umformtechnik zu überprüfen und das
am besten geeignete Programm zu übernehmen und, falls erforderlich, anzupassen.

Da das am Institut für Fertigungstechnik und spanende Werkzeugmaschinen der Technischen Universität Hannover[1] entwickelte
Programm DREBES [38] am besten für das geplante Programmsystem geeignet war, wurde dieses Programm als Werkstückbeschrei-
bungsprogramm gewählt. Die erforderlichen Änderungen beschränk-
ten sich auf einige Vereinfachungen bei der Eingabe der Geometrie.

4.1   Beschreibung der Werkstückform

Die Beschreibung der Werkstückform erfolgt im Dialogbetrieb.
Sie beginnt mit der Eingabe einiger organisatorischer Daten.
Die Eingabe der Werkstückgeometrie erfolgt mit Hilfe von Form-
elementen. Die einzelnen Formelemente können entweder mit einem
dreistelligen Zahlencode oder zweckmäßigerweise mit einem
mnemotechnischen Kürzel

        - P für Planfläche,
        - Z für Zylinder und
        - K für Kegelstumpf

beschrieben werden.

Ein Beispiel für die Aufteilung der Werkstückgeometrie eines
Vollkörpers in einzelne Formelemente ist in Bild T 7 dargestellt. Die Beschreibung beginnt grundsätzlich an der linken

---

[1] Diesem Institut sei an dieser Stelle für die kostenlose Be-
    reitstellung des Programms DREBES gedankt.

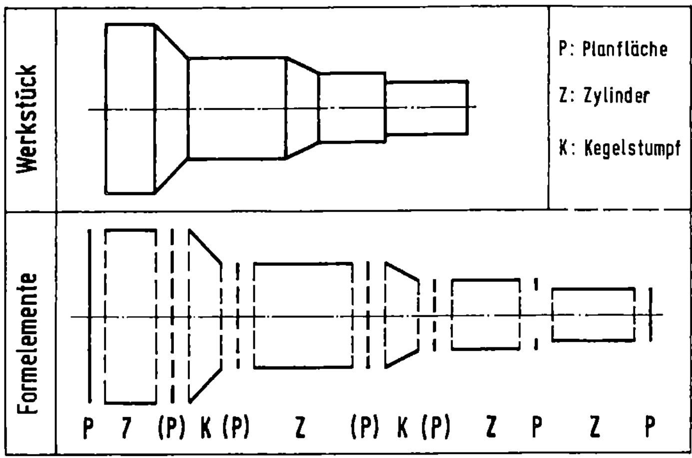

Bild T 7: Aufteilung der Werkstückgeometrie in Formelemente
bei Vollkörpern.

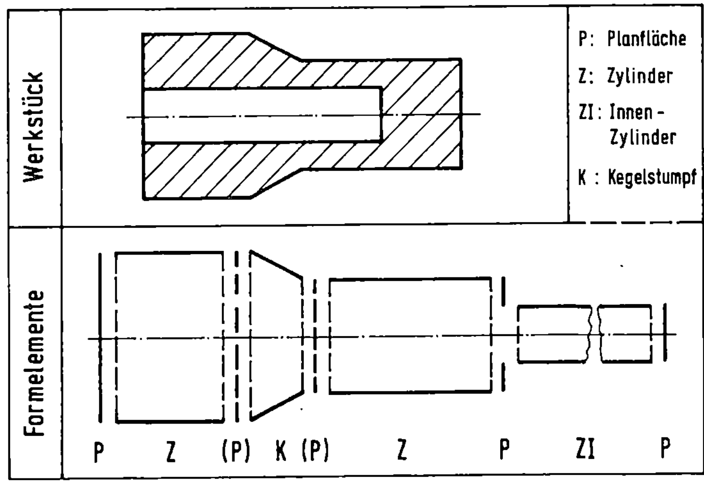

Bild T 8: Aufteilung der Werkstückgeometrie in Formelemente
bei Hohlkörpern.

Werkstückkante mit einer Planfläche. Zur vollständigen Beschreibung dieser Fläche genügt neben der Eingabe von P die Angabe des Außendurchmessers. Zur vollständigen geometrischen Definition des darauffolgenden Zylinders (Eingabe von Z) genügt die Angabe der Zylinderlänge, da der Durchmesser bereits bei der Beschreibung der Planfläche angegeben wurde. Beim Kegelstumpf genügt dementsprechend die Angabe der Länge und des Enddurchmessers. Die Werkstückbeschreibung endet mit der Planfläche an der rechten Werkstückkante.

Die Beschreibung von Hohlkörpern (Bild T 8) erfolgt zunächst nach dem gleichen Prinzip wie bei den Vollkörpern. Die Innenkontur wird im Anschluß an die Außenkontur beschrieben. Folgende mnemotechnische Kürzel sind zugelassen:

- PI (oder P) für Innenplanfläche,
- ZI für Innenzylinder und
- KI für Innenkegelstumpf.

Das Beschreibungsverfahren für diese Innenformelemente erfolgt analog zu den Außenformelementen. Abgeschlossen wird die Werkstückbeschreibung mit der Planfläche an der rechten Innenkontur.

4.2   Aufbau des Programmteils

Der Aufbau des Programmteils "Werkstückbeschreibung" ist aus Bild T 9 ersichtlich.

Wie in Abschnitt 4.1 bereits erwähnt, beginnt dieser Programmteil mit der Eingabe einiger organisatorischer Daten:

- Name des Bearbeiters,
- Werkstückbezeichnung und
- Werkstücknummer.

Danach erfolgt die Eingabe der einzelnen Formelemente. Im Anschluß daran kann, falls gewünscht, die Geometrie noch einmal geändert werden. Dies hat folgende Vorteile:

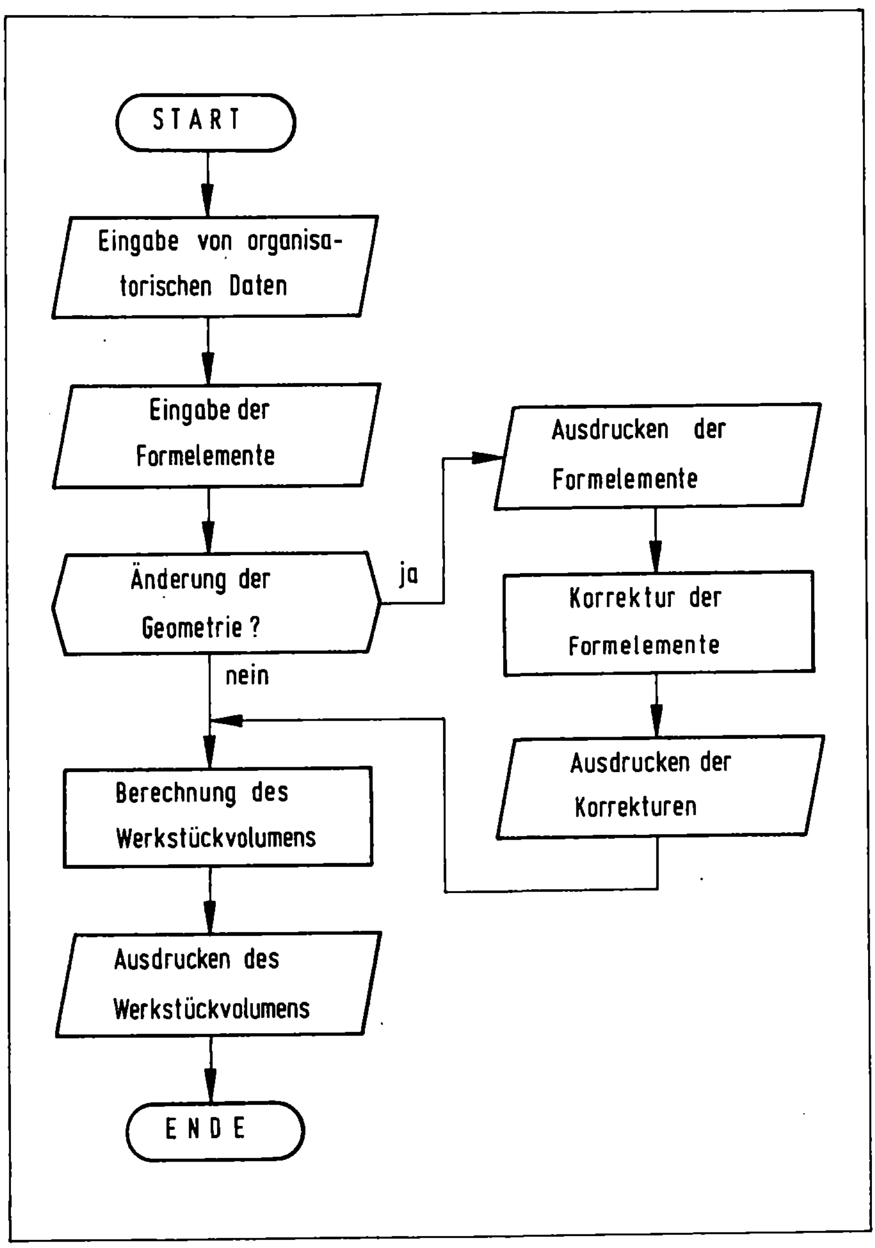

Bild T 9: Flußdiagramm des Werkstückbeschreibungsprogramms.

1. Eventuelle Eingabefehler können noch vor dem eigentlichen
   Programmstart korrigiert werden.

2. Falls für mehrere ähnliche Teile ein Arbeitsplan berechnet
   werden soll, kann jeweils die Geometrie des vorherigen
   Werkstücks als Grundgeometrie für das neue Werkstück verwendet werden. Es müssen dann nur einzelne Formelemente
   geändert, hinzugefügt oder gestrichen werden. Somit wird
   der Beschreibungsaufwand wesentlich verringert.

Nach Abschluß dieser Korrekturen wird das Werkstoffvolumen berechnet und ausgedruckt.

4.3 Beispiele zur Werkstückbeschreibung

Zur Verdeutlichung der Werkstückbeschreibung ist in Bild B 2
die Beschreibung der Geometrie eines Vollkörpers und in Bild B 3
die Beschreibung der Geometrie eines Hohlkörpers gezeigt. In
den Abschn. 6.1 und 6.2 ist unter anderem für diese beiden Beispiele der gesamte Arbeitsplan dargestellt.

5   Berechnung der Arbeitsvorgangsfolge

Dieser Programmteil stellt das Kernstück des gesamten Programmsystems dar. Hier werden die Anzahl und die Reihenfolge der
Umformstadien festgelegt und daran anschließend die wichtigsten Vorgangskenngrößen berechnet. Da es sich hierbei um ein
sehr komplexes Problem handelt, mußten einige Voraussetzungen
und Annahmen getroffen werden, die im folgenden näher erläutert
werden sollen.

5.1   Technologische Voraussetzungen und Annahmen

Wie schon in Abschn. 0.3 ausgeführt, kann ein mit einem CAD-
Programm erstellter Arbeitsplan nicht alle Kriterien und Details
erfassen, die für einen technisch ausgefeilten Arbeitsplan notwendig wären. Unter Berücksichtigung dieser Tatsache erschien
es deshalb sinnvoll, bei der Eingabe der Werkstückgeometrie auf
die Beschreibung von Formdetails wie z. B. Übergangsradien,
Fasen usw. zu verzichten, da diese Formdetails im allgemeinen nur
in Sonderfällen wesentlichen Einfluß auf die Auslegung des Arbeitsplans haben. Hierdurch wird nicht nur die Werkstückbeschreibung,son-
dern der gesamte Programmablauf wesentlich vereinfacht. Im
Hinblick auf das geplante Einsatzgebiet dieses Programmsystems,
der Angebotserstellung, scheint diese Vereinfachung zulässig
zu sein. Es werden deshalb nur die in Absch. 4.1 aufgeführten
Formelemente bei der Werkstückbeschreibung zugelassen. Wie die
beim Fließpressen und Verjüngen auftretenden Matrizenöffnungswinkel trotzdem berücksichtigt bzw. variiert werden können,
wird in Abschn. 5.2 geschildert.

5.1.1   Zugelassenes Teilespektrum

Aus Rücksicht auf die Programmgröße, vor allem im Hinblick auf
eine spätere Installation des Programms auf einen Kleinrechner,
mußte das zugelassene Teilespektrum eingeschränkt werden.

Die Beschränkung auf rotationssymmetrische, einseitig oder zweiseitig beliebig oft steigende Voll- und Hohlkörper (Bild T 10)

Zugelassenes Teilespektrum		Mantellinie				
		nicht steigend	einseitig steigend		zweiseitig steigend	
			einfach abgesetzt	mehrfach abgesetzt	einfach abgesetzt	mehrfach abgesetzt
	Außenform					
	Innenform					

Bild T 10: Programmsystem "Rechnerunterstütze Arbeitsplanerstellung in der Kaltmassivumformung" - zugelassenes
Teilespektrum.

erwies sich dabei als zweckmäßig, da hiermit zum einen eine
klare Abgrenzungsmöglichkeit gegeben ist und zum anderen der
größte Teil der in der Kaltmassivumformung auftretenden Werkstücke erfaßt wird.

Für die Abmessungen der Werkstücke wurden keine Einschränkungen
getroffen, weder bezüglich des Werkstückdurchmessers, noch bezüglich der Werkstücklänge. Hier sind die Grenzen durch die
Leistungsfähigkeit der in der Kaltmassivumformung zur Verfügung stehenden Umformmaschinen hinsichtlich der Umformkräfte,
des Maschinenhubs und des Auswerferwegs gegeben. Lediglich die
Anzahl der Formelemente wird durch das Werkstückbeschreibungs-
programm auf maximal 56 Formelemente beschränkt. Diese Grenze
liegt jedoch so hoch, daß sie bei Werkstücken für die Kaltmassivumformung im allgemeinen wohl nicht erreicht werden
wird.

5.1.2 Werkstückwerkstoffe

Da einige Verfahrensgrenzen der in der Kaltmassivumformung

zur Verfügung stehenden Umformverfahren vom Werkstückwerkstoff
abhängig sind, ist ein allgemeingültiges Programmsystem zur
Arbeitsplanerstellung nur dann gegeben, wenn diese Verfahrensgrenzen für die in diesem Bereich verwendeten Werkstoffe im
Programm berücksichtigt werden. Bei Noack [32] muß der Anwender diese Kennwerte für jeden Werkstoff jeweils neu eingeben.

5.1.2.1 Erfaßte Werkstückwerkstoffe

Um das Programmsystem benutzerfreundlicher zu gestalten, wurde
eine Werkstoffdatei erstellt. Es erschien jedoch nicht sinnvoll, sämtliche für die Kaltmassivumformung zur Verfügung
stehenden Werkstoffe zu erfassen. Dies hätte eine unübersicht-
liche Datei zur Folge gehabt, da die Zahl der angebotenen Werkstoffe sehr groß ist. Deshalb wurden zum einen nur Stahlwerkstoffe berücksichtigt. Außerdem wurde zusätzlich versucht,
mit einer Firmenbefragung, in der die wichtigsten verwendeten
Stahlwerkstoffe ermittelt werden sollten, diese Zahl weiter
zu verringern.

Bei den 6 befragten Firmen handelt es sich ausschließlich um
größere Kaltfließpressereien, die als Zulieferer für die Kraft-
fahrzeugindustrie bezeichnet werden können. Das Ergebnis dieser
Befragung läßt sich in folgenden Punkten zusammenfassen:

1. Die bei diesen Firmen insgesamt verwendeten 26 verschiedenen
   Stahlwerkstoffe setzen sich aus 14 unlegierten und 12 le-
   gierten Werkstoffen zusammen.

2. 8 Werkstoffe (Q St 32-3, Ck 15 bzw. Cq 15, Ck 35 bzw. Cq 35,
   Ck 45 bzw. Cq 45 und 16 MnCr 5) wurden bei allen befragten
   Firmen, der Werkstoff 20 MoCr 4 bei fünf der befragten Firmen
   und der Werkstoff 15 Cr 3 bei vier der befragten Firmen ver-
   arbeitet. Alle anderen Werkstoffe fanden grundsätzlich nur
   bei ein oder zwei Firmen Verwendung.

3. Als wichtigstes Ergebnis kann festgehalten werden, daß mit
   nur 11 verschiedenen Werkstoffen bereits knapp über 90 %
   des gesamten Werkstoffverbrauchs dieser 6 Firmen erfaßt wird.

Deshalb erschien es gerechtfertigt, die Werkstoffdatei auf diese
11 Werkstoffe, die in Bild T 11 aufgeführt sind, zu beschränken,
zumal die prozentualen Anteile der anderen Werkstoffe am gesamten
Werkstoffverbrauch jeweils unter 1 % liegen.

<pre>
┌───┐
│   │
│   Q St 32 - 3   │
│   │
│   │
│   Ck 15   Cq 15   Ck 35   Cq 35   Ck 45   Cq 45   │
│   │
│   │
│   15 Cr 3   41 Cr 4   │
│   │
│   │
│   20 Mo Cr 4   │
│   │
│   │
│   16 Mn Cr 5   │
│   │
└───┘
</pre>

Bild T 11: Programmsystem "Rechnerunterstützte Arbeitsplan-
           erstellung in der Kaltmassivumformung" - berück-
           sichtigte Werkstückwerkstoffe.

Falls es erforderlich sein sollte, diese Datei später zu erwei-
tern, kann dies problemlos geschehen.

5.1.2.2 Erfaßte Werkstoffkennwerte

In der Werkstoffdatei wurden alle die Werkstoffkennwerte aufgenommen, die für die Auslegung von Arbeitsplänen in der Kaltmassivumformung von Bedeutung sind (Bild T 12), wobei die ver-
fahrensabhängigen Kennwerte

- maximale Querschnittsabnahme beim Voll-Fließpressen,
- maximaler Umformgrad beim Voll-Fließpressen,
- maximale Querschnittsabnahme beim Napf-Fließpressen,
- maximale Querschnittsabnahme beim Abstreckgleit-

ziehen und

- maximaler Umformgrad beim Abstreckgleitziehen

besonders wichtig sind, da sie direkten Einfluß auf die Auslegung der Zwischenformenfolge haben.

Bei den werkstoffabhängigen Verfahrensgrenzen wurden im allgemeinen nicht die maximal möglichen Grenzwerte berücksichtigt, sondern die Werte, die eine möglichst hohe Standmenge der Umformwerkzeuge erwarten lassen [37, 39].

Erfaßte Kennwerte			
	Verfahrensabhängige Kennwerte	Voll-Fließpressen	max. Querschnittsabnahme
			max. Umformgrad
		Napf-Fließpressen	max. Querschnittsabnahme
		Abstreck-gleit-ziehen	max. Querschnittsabnahme
			max. Umformgrad
	Allgemeine Kennwerte		Streckgrenze
			Zugfestigkeit
			Temperatur für Weich- und Normalglühen
			Fließkurve

Bild T 12: Programmsystem "Rechnerunterstützte Arbeitsplanerstellung in der Kaltmassivumformung" - erfaßte Werkstoffkennwerte.

In Bild B 4 ist ein Ausdruck der Programmteile "Werkstoffauswahl" und "Werkstoffkennwerte" am Beispiel des Werkstoffs
Q St 32-3 wiedergegeben.

5.1.3   Zugelassene Umformverfahren

Die Anzahl der zugelassenen Umformverfahren hat wesentlichen
Einfluß auf die Allgemeingültigkeit und die Anwendbarkeit des
Programmsystems.

Sämtliche für die Herstellung von Voll- und Hohlkörpern zugelassenen Umformverfahren sind in Bild T 13 aufgeführt. In den
folgenden beiden Abschnitten sollen diese Verfahren näher beschrieben werden.

Zugelassene Umformverfahren	
Voll - und Hohlkörper	**Hohlkörper**
Voll-Vorwärts-Fließpressen Voll-Rückwärts-Fließpressen	Hohl-Vorwärts-Fließpressen Hohl-Rückwärts-Fließpressen
Verjüngen in ⎫ Verjüngen gegen ⎬ Stempel-richtung	Abstreckgleitziehen
Stauchen	Napf-Vorwärts-Fließpressen Napf-Rückwärts-Fließpressen
Nachpressen	Lochen
und Kombinationen dieser Verfahren	

Bild T 13: Programmsystem "Rechnerunterstützte Arbeitsplanerstellung in der Kaltmassivumformung" - zugelassene Umformverfahren.

5.1.3.1 Zugelassene Umformverfahren bei der Herstellung von Vollkörpern

Bei der Herstellung von Vollkörpern sind die nachstehenden Umformverfahren zugelassen:

- Voll-Vorwärts-Fließpressen (Bild T 14),
- Voll-Rückwärts-Fließpressen (Bild T 14),
- Verjüngen in Stempelrichtung (Bild T 15),
- Verjüngen gegen Stempelrichtung (Bild T 15),
- Stauchen (Bild T 16),
- Nachpressen (Bild T 16).

Sämtliche oben aufgeführten Umformverfahren, mit Ausnahme des Nachpressens, sind in DIN 8583 beschrieben. Beim Nachpressen (Kalibrieren) handelt es sich um ein örtlich begrenztes Stauchen zur Verbesserung der Maßgenauigkeit oder aber zur Beseitigung von Einlaufschrägen, wie sie z. B. beim Fließpressen oder beim Verjüngen entstehen.

Beim Stauchen ist zu unterscheiden zwischen

- Freiformen und
- Gesenkformen (Bild T 16).

Das Freiformen wird sehr häufig zum Anstauchen eines Flansches verwendet. Der Flansch kann sich dabei in radialer Richtung frei ausbilden, er wird dann anschließend auf Maß beschnitten.

Dagegen entspricht beim Gesenkformen, das auch als Stauchen im geschlossenen Gesenk bezeichnet wird, die Gesenkform bereits der gewünschten Werkstückform.

Diese Einzelverfahren können nun zu sog. Verfahrenskombinationen zusammengefaßt werden. Diese Verfahrenskombinationen sind wirtschaftlich besonders interessant, da mit ihnen meist zwei oder mehr Fertigteildurchmesser in einem Arbeitsgang hergestellt werden können. Der Begriff "Verfahrenskombination" beinhaltet dabei, daß die kombinierten Verfahren gleichzeitig, d. h. in einem Werkzeug, in einer Umformstufe durchgeführt werden [37].

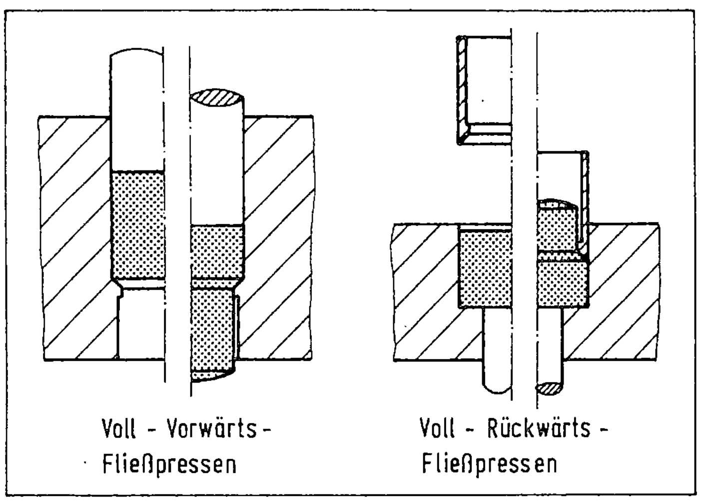

Bild T 14: Umformverfahren der Kaltmassivumformung,Teil 1 -
Voll-Vorwärts-Fließpressen und Voll-Rückwärts-
Fließpressen.

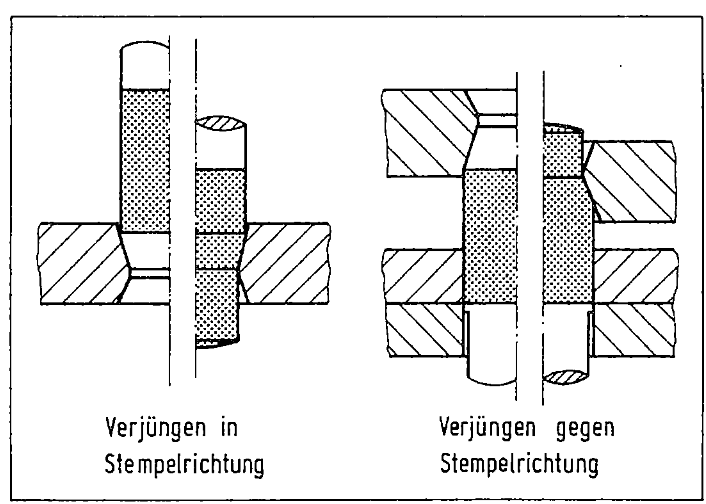

Bild T 15: Umformverfahren der Kaltmassivumformung, Teil 2 -
Verjüngen in und gegen Stempelrichtung.

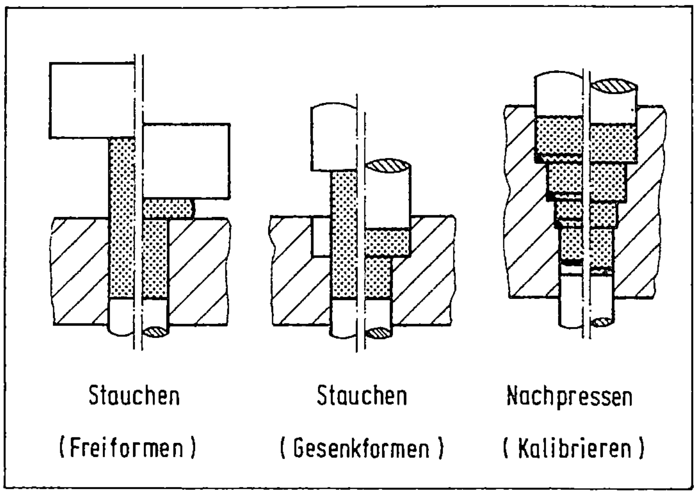

Bild T 16: Umformverfahren der Kaltmassivumformung, Teil 3 -
Stauchen und Nachpressen.

Als Verfahrenskombinationen werden in dem Programmsystem zugelassen:

- Voll-Vorwärts-/Voll-Rückwärts-Fließpressen,
- Voll-Vorwärts-Fließpressen und Verjüngen in Stem-
  pelrichtung,
- Voll-Rückwärts-Fließpressen und Verjüngen gegen
  Stempelrichtung,
- Verjüngen in Stempelrichtung und Verjüngen gegen
  Stempelrichtung,
- Verjüngen und Verjüngen in Stempelrichtung,
- Verjüngen und Verjüngen gegen Stempelrichtung,
- Verjüngen in Stempelrichtung und Stauchen,
- Verjüngen gegen Stempelrichtung und Stauchen,
- Verjüngen in Stempelrichtung und Nachpressen,
- Verjüngen gegen Stempelrichtung und Nachpressen.

5.1.3.2 <u>Zugelassene Umformverfahren bei der Herstellung von</u>
<u>Hohlkörpern</u>

Bei der Herstellung von Hohlkörpern sind außer den in Abschn.
5.1.3.1 aufgeführten Verfahren und Verfahrenskombinationen
folgende Einzelverfahren zugelassen:

- Hohl-Vorwärts-Fließpressen (Bild T 17),
- Hohl-Rückwärts-Fließpressen (Bild T 17),
- Abstreckgleitziehen (Bild T 18),
- Napf-Vorwärts-Fließpressen (Bild T 19),
- Napf-Rückwärts-Fließpressen (Bild T 19),
- Lochen.

Das Hohlfließpressen und das Napffließpressen sind in DIN 8583
aufgeführt und beschrieben. Das Abstreckgleitziehen wird in
DIN 8584 und das Lochen in DIN 8588 erläutert.

Beim Abstreckgleitziehen unterscheidet man zwischen Steck-
zug und Durchzug (Bild T 18).

Diese Einzelverfahren können wiederum zu Verfahrenskombinationen zusammengestellt werden:

- Napf-Vorwärts-/ Napf-Rückwärts-Fließpressen,
- Abstreckgleitziehen mehrerer Durchmesser.

Zusätzlich sind noch mehrere Verfahrenskombinationen aus den
Einzelverfahren der Vollkörperherstellung und den Einzelverfahren der Hohlkörperherstellung zugelassen:

- Voll-Vorwärts-/ Hohl-Vorwärts-Fließpressen,
- Voll-Rückwärts-/ Hohl-Rückwärts-Fließpressen,
- Voll-Vorwärts-/ Napf-Rückwärts-Fließpressen,
- Voll-Rückwärts-/ Napf-Vorwärts-Fließpressen,
- Verjüngen in Stempelrichtung und Napf-Rückwärts-
  Fließpressen,
- Verjüngen gegen Stempelrichtung und Napf-Vorwärts-
  Fließpressen.

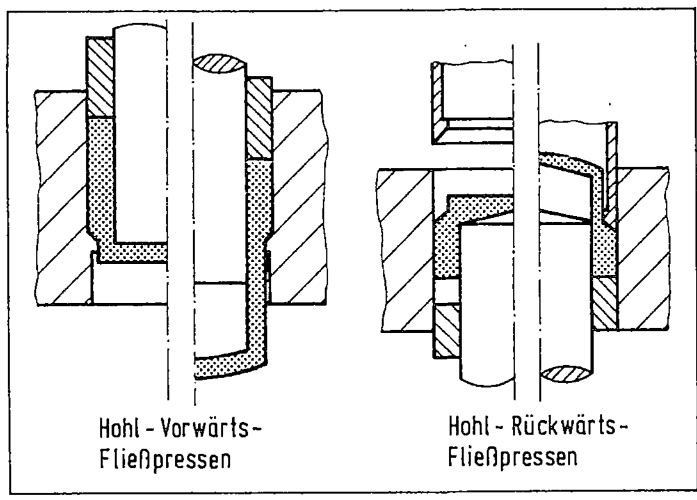

Bild T 17: Umformverfahren der Kaltmassivumformung, Teil 4 -
Hohl-Vorwärts-Fließpressen und Hohl-Rückwärts-
Fließpressen.

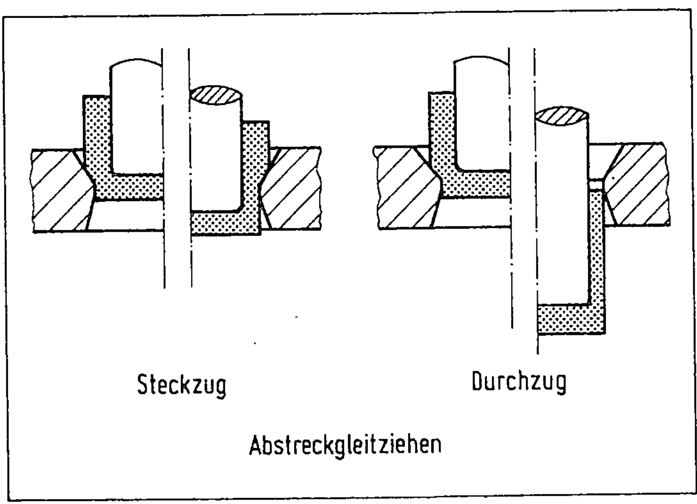

Bild T 18: Umformverfahren der Kaltmassivumformung, Teil 5 -
Abstreckgleitziehen.

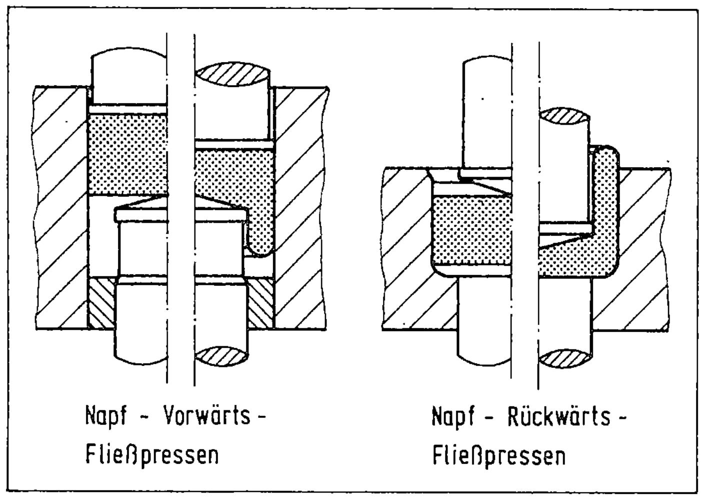

Bild T 19: Umformverfahren der Kaltmassivumformung, Teil 6 –
Napf-Vorwärts-Fließpressen und Napf-Rückwärts-
Fließpressen.

5.1.4   Prioritäten der zugelassenen Umformverfahren

Ein wesentlicher Unterschied der rechnerunterstützten
Arbeitsplanerstellung in der Kaltmassivumformung gegenüber
der in der spanabhebenden Fertigung liegt darin, daß es in der
Kaltmassivumformung wesentlich mehr Freiheitsgrade bei der
Ermittlung der Arbeitsvorgangsfolge gibt. Während in der spanabhebenden Fertigung die Arbeitsvorgangsfolge meist aufgrund
der geometrischen Gegebenheiten des Werkstücks festgelegt ist,
kann in der Umformtechnik nicht nur der Rohteildurchmesser frei
gewählt werden (theoretisch zwischen dem kleinsten und dem größten Werkstückdurchmesser), sondern es stehen sehr oft für einen
bereits festgelegten Rohteildurchmesser mehrere mögliche Arbeitsvorgangsfolgen zur Diskussion.

Deshalb ist es unbedingt notwendig, die zahlreichen zur Verfügung stehenden Umformverfahren in einer Prioritätenliste
zu ordnen. Bei der Erstellung dieser Liste müssen verschiedene
Gesichtspunkte berücksichtigt werden:

1. Verfahrensbedingte Gesichtspunkte
   Aus technologischen Gründen ist es erforderlich, daß einige Umformverfahren am Beginn der Arbeitsvorgangsfolge stehen.So kann z. B. das Voll-Vorwärts- oder Voll-Rückwärts-Fließpressen nur dann durchgeführt werden, wenn das Werkstück noch vollkommen zylindrisch ist. Dies bedeutet aber, daß diese beiden Verfahren nur in der ersten Umformstufe eingesetzt werden können. Des weiteren kann die Anwendung eines Verfahrens die Anwendung von bestimmten anderen Verfahren unmöglich machen.

2. Wirtschaftliche Gesichtspunkte
   Bei der Auslegung der Arbeitsvorgangsfolge spielen die wirtschaftlichen Gesichtspunkte eine große Rolle ,das Werkstück soll in möglichst wenig Umformstufen hergestellt werden können. Deshalb sind die Verfahrenskombinationen sehr wichtig, da mit ihnen, wie bereits erwähnt, meist zwei oder mehr Fertigteildurchmesser in einem Arbeitsgang hergestellt werden können. Es sollte also grundsätzlich zuerst untersucht werden, ob Verfahrenskombinationen technisch möglich sind.

3. Gesichtspunkte bei der Berücksichtigung der notwendigen Wärme- und Oberflächenbehandlungen
   Gerade beim Einsatz von Verfahrenskombinationen muß darauf geachtet werden, daß zum einen die zulässigen Umformgrade nicht überschritten werden und daß zum anderen auf der Werkstückoberfläche immer ein ausreichend dicker Schmierfilm vorhanden ist. Auf letzteres muß vor allem beim mehrfachen Verjüngen und mehrfachen Abstreckgleitziehen geachtet werden, da hier meist eine weitere Umformstufe hinsichtlich des zulässigen Umformgrads zwar noch möglich wäre, dann aber keine ausreichende Schmierung mehr gewährleistet wäre. Welche Konsequenzen dies auf den Programmaufbau hat, wird in Abschnitt 5.3 behandelt.

Unter Berücksichtigung dieser Gesichtspunkte wurden für die Herstellung von Voll- und Hohlkörpern die folgenden Prioritätenlisten festgelegt:

a) Verfahren zur Herstellung einseitig steigender Vollkörper:

- Voll-Vorwärts-Fließpressen und Verjüngen in Stempelrichtung,
- Verjüngen und Verjüngen in Stempelrichtung,
- Verjüngen in Stempelrichtung und Stauchen,
- Verjüngen in Stempelrichtung und Nachpressen,
- Voll-Vorwärts-Fließpressen,
- Verjüngen in Stempelrichtung,
- Stauchen,
- Nachpressen.

b) Verfahren zur Herstellung zweiseitig steigender Vollkörper:

- Voll-Vorwärts-/ Voll-Rückwärts-Fließpressen,
- Voll-Vorwärts-Fließpressen und Verjüngen in Stempelrichtung,
- Voll-Rückwärts-Fließpressen und Verjüngen gegen Stempelrichtung,
- Verjüngen in Stempelrichtung und Verjüngen gegen Stempelrichtung,
- Verjüngen und Verjüngen in Stempelrichtung,
- Verjüngen und Verjüngen gegen Stempelrichtung,
- Verjüngen in Stempelrichtung und Stauchen,
- Verjüngen gegen Stempelrichtung und Stauchen,
- Verjüngen in Stempelrichtung und Nachpressen,
- Verjüngen gegen Stempelrichtung und Nachpressen,
- Voll-Vorwärts-Fließpressen,
- Voll-Rückwärts-Fließpressen,
- Verjüngen in Stempelrichtung,
- Verjüngen gegen Stempelrichtung,
- Stauchen,
- Nachpressen.

c) Verfahren zur Herstellung einseitig steigender Hohlkörper
(zusätzlich zu den unter a) aufgeführten Verfahren):

- Napf-Vorwärts-/ Napf-Rückwärts-Fließpressen,
- Voll-Vorwärts-/ Hohl-Vorwärts-Fließpressen,
- Voll-Vorwärts-/ Napf-Rückwärts-Fließpressen,
- Verjüngen in Stempelrichtung und Napf-Rückwärts-

Fließpressen,
- Abstrecken mehrerer Durchmesser,
- Napf-Rückwärts-Fließpressen,
- Napf-Vorwärts-Fließpressen,
- Hohl-Vorwärts-Fließpressen,
- Abstreckgleitziehen.

d) Verfahren zur Herstellung von zweiseitig steigenden Hohlkörpern (zusätzlich zu den unter b) aufgeführten Verfahren):

- Napf-Vorwärts-/ Napf-Rückwärts-Fließpressen,
- Voll-Vorwärts-/ Hohl-Vorwärts-Fließpressen,
- Voll-Rückwärts-/ Hohl-Rückwärts-Fließpressen,
- Voll-Vorwärts-/ Napf-Rückwärts-Fließpressen,
- Voll-Rückwärts-/ Napf-Vorwärts-Fließpressen,
- Verjüngen in Stempelrichtung und Napf-Rückwärts-Fließpressen,
- Verjüngen gegen Stempelrichtung und Napf-Vorwärts-Fließpressen,
- Abstrecken mehrerer Durchmesser,
- Napf-Rückwärts-Fließpressen,
- Napf-Vorwärts-Fließpressen,
- Hohl-Vorwärts-Fließpressen,
- Hohl-Rückwärts-Fließpressen,
- Abstreckgleitziehen.

5.1.5 Berücksichtigte Verfahrensgrenzen

5.1.5.1 Grundsätzliche Überlegungen

Die in den Abschnitten 5.1.3.1 und 5.1.3.2 aufgeführten Umformverfahren sind durch die sogenannten Verfahrensgrenzen in ihrer Anwendbarkeit eingeschränkt. Durch die Festsetzung dieser Verfahrensgrenzen wird wesentlicher Einfluß auf den Arbeitsplan genommen. Es kann unterschieden werden zwischen

- werkstoffabhängigen und
- werkstoffunabhängigen

Verfahrensgrenzen einerseits und

- Verfahrensgrenzen bezüglich Werkzeugversagen und
- Verfahrensgrenzen bezüglich Werkstückversagen

andererseits.

Die Verfahrensgrenzen basieren zum Teil auf theoretisch-physikalischen Überlegungen, zum größten Teil jedoch auf umfangreichen experimentellen Untersuchungen. In [37] und [40] wird ein Überblick über die untersuchten Verfahrensgrenzen gegeben.

Bei der Auswahl der Grenzwerte der einzelnen Umformverfahren muß unterschieden werden zwischen den

- maximal möglichen Grenzwerten und den
- für eine Serienfertigung geeigneten Grenzwerten.

Die Grenzwerte der ersten Gruppe liegen über denen der zweiten Gruppe. Hieraus ist ersichtlich, daß für einen reibungslosen Ablauf in der Serienfertigung die maximale Beanspruchung der Werkzeuge und des Werkstücks nicht erreicht werden darf, sondern es müssen vielmehr die Verfahrensgrenzen berücksichtigt werden, die zum einen einen gesicherten Verfahrensablauf und zum anderen eine größtmögliche Standmenge der Umformwerkzeuge gewährleisten. Da in der Umformtechnik im allgemeinen in größeren Serien gefertigt wird, wurden in dieser Untersuchung grundsätzlich nur die Verfahrensgrenzen aus der zweiten Gruppe berücksichtigt, so daß bei den mit diesem Programmsystem erstellten Arbeitsplänen nie ein kritischer Grenzwert erreicht werden kann.

5.1.5.2 Berücksichtigte Verfahrensgrenzen bei der Herstellung von Vollkörpern

Aus programmtechnischen Gründen konnten nicht alle Verfahrensgrenzen berücksichtigt werden, sondern es war eine Beschränkung auf die jeweils wichtigsten Verfahrensgrenzen erforderlich.

Für die Vollkörperfertigung stehen die drei Verfahrensarten

- Voll-Fließpressen,
- Verjüngen und

- Stauchen bzw. Nachpressen

zur Verfügung.

Beim Voll-Fließpressen wurden berücksichtigt:

1. Umformgrad
   Der zulässige Umformgrad beim Voll-Fließpressen ist werkstoffabhängig. Die entsprechenden Grenzwerte sind in der
   Werkstoffdatei abgespeichert und werden vom Programm bei
   Bedarf abgerufen. Für das untersuchte Werkstoffspektrum
   reichen die zulässigen Umformgrade von φ = 0,7 (41 Cr 4)
   bis φ = 1,4 (Q St 32-3).

2. Matrizenöffnungswinkel
   Für den Matrizenöffnungswinkel ist im Programm der Wert
   2 α = 150° vorgegeben. Bei der Festlegung dieses Winkels
   wurde von folgender Überlegung ausgegangen: Sehr häufig
   wird bei den Werkstücken ein scharfkantiger Übergang (d. h.
   2 α = 180°) von einem Durchmesser zum anderen verlangt.
   Fließpressen mit einem Matrizenöffnungswinkel von 2 α = 180°
   ist jedoch technisch nicht möglich. Um den Aufwand für die
   Nachbearbeitung so gering wie möglich zu halten, wurde der
   Matrizenöffnungswinkel 2 α = 150° gewählt. Während des
   Programmablaufs wird der Anwender jedoch gefragt, ob er mit
   diesem Wert einverstanden ist. Falls nein, wird er aufgefor-
   dert, einen neuen Wert einzugeben. Somit ist der Matrizenöffnungswinkel also frei wählbar.

3. Rohteillänge /Rohteildurchmesser
   Das Verhältnis aus Rohteillänge und Rohteildurchmesser darf
   nicht größer als 8 sein.

Beim Verjüngen wurden berücksichtigt:

1. Umformgrad
   Der Umformgrad beim Verjüngen darf den Wert φ = 0,3 nicht
   überschreiten.

2. Matrizenöffnungswinkel
   Es wurden nur Matrizenöffnungswinkel bis zu 2 α = 30° zuge-
   lassen. Unter diesem Grenzwert kann 2 α wie beim Voll-
   Fließpressen frei gewählt werden.

Beim Stauchen wurden berücksichtigt:

1. Umformgrad
   Der Umformgrad beim Stauchen darf nicht größer sein als
   $|\varphi| = 1,6$.

2. Rohteillänge/ Rohteildurchmesser
   Dieses Verhältnis wurde begrenzt auf maximal 8 für Stauchen
   mit Vorstauchen, beim einfachen Stauchen liegt der Grenzwert bei 2,3.

3. Flanschdicke/ Flanschdurchmesser
   Dieses Versagenskriterium tritt zwar nur bei Hohlkörpern
   auf, wird aber trotzdem in diesem Abschnitt behandelt,damit
   das Stauchen im nächsten Abschnitt nicht noch einmal aufgeführt werden muß. Der Grenzwert für das Verhältnis aus
   Flanschdicke und Flanschdurchmesser liegt bei minimal 0,1.

Einen Überblick über die bei der Herstellung von Vollkörpern
berücksichtigten Verfahrensgrenzen zeigt Bild T 20.

5.1.5.3 <u>Berücksichtigte Verfahrensgrenzen bei der Herstellung von Hohlkörpern</u>

Als zusätzlich zu den unter Abschn. 5.1.5.2 genannten Verfahren
kommen bei der Herstellung von Hohlkörpern noch die Verfahrensarten

      - Hohl-Fließpressen,
      - Napf-Fließpressen,
      - Abstreckgleitziehen und
      - Lochen

hinzu.

Beim Hohl-Fließpressen wurden berücksichtigt:

1. Umformgrad
   Auch beim Hohl-Fließpressen ist der Umformgrad vom Werkstoff abhängig. Die entsprechenden Werte sind in der Werkstoffdatei abgespeichert.

Berücksichtigte Verfahrensgrenzen (Vollkörper)		
Verfahren	Verfahrensgrenzen	Grenzwert
Voll – Fließpressen	Umformgrad	Werkstoffabhängig, in Werkstoffdatei abge-speichert
	Matrizenöffnungswinkel	frei wählbar
	Rohteillänge / Rohteildurchmesser	$l_o / d_o \leq 8$
Verjüngen	Umformgrad	$\varphi \leq 0{,}3$
	Matrizenöffnungswinkel	$2\,\alpha \leq 30°$
Stauchen	Umformgrad	$|\varphi| \leq 1{,}6$
	Rohteillänge / Rohteildurchmesser	$l_o / d_o \leq 8$
	Flanschdicke / Flanschdurchmesser	$l_F / d_F \geq 0{,}1$

Bild T 20: Programmsystem "Rechnerunterstützte Arbeitsplanerstellung in der Kaltmassivumformung" – berücksichtigte Verfahrensgrenzen und ihre Grenzwerte bei der Herstellung von Vollkörpern.

2. Matrizenöffnungswinkel

Für den Matrizenöffnungswinkel ist zwar der Wert 2 α = 150° vorgegeben, er kann jedoch, wie schon beim Voll-Fließpressen, frei gewählt werden.

3. Rohteillänge/ Innendurchmesser

Diese Verhältnis darf nicht größer als 4 werden.

Beim Napf-Fließpressen wurden berücksichtigt:

1. Relative Querschnittsabnahme

Da es beim Napf-Fließpressen keinen Gesamtumformgrad im Sinne der Definition gibt, wird hier die relative Querschnittsabnahme als Verfahrensgrenze herangezogen. Sie ist ebenso wie der Umformgrad werkstoffabhängig und somit in der Werkstoffdatei abgespeichert. Die Werte reichen für das berücksichtigte Werkstoffspektrum von ε_A = 0,55 (41 Cr 4) bis ε_A = 0,7 (Q St 32-3).

2. Napftiefe/ Innendurchmesser

Der Grenzwert für diese Verfahrensgrenze liegt bei maximal 2,5.

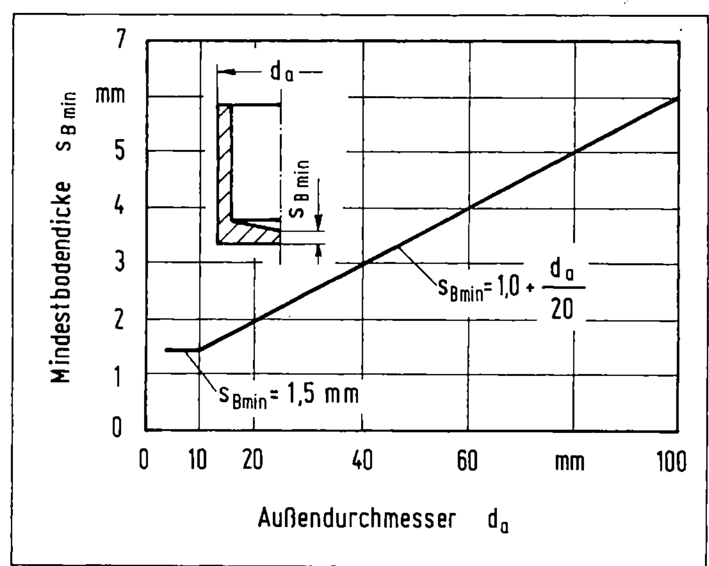

Bild T 21: Abhängigkeit der Mindestbodendicke vom Außendurchmesser beim Napf-Fließpressen [32].

3. Bodendicke

   Die Mindestbodendicke beim Napf-Fließpressen ist abhängig
   vom Außendurchmesser des Werkstücks. Der Verlauf der Grenz-
   kurve ist in Bild T 21 dargestellt.

Beim Abstreckgleitziehen wurden berücksichtigt:

1. Umformgrad

   Auch beim Abstreckgleitziehen ist, wie schon bei den anderen Verfahren, der zulässige Umformgrad vom Werkstoff abhängig. Die Grenzwerte sind deshalb wieder in der Werkstoffdatei abgespeichert. Sie reichen von $\varphi = 0{,}35$ (41 Cr 4)
   bis $\varphi = 0{,}5$ (Q St 32-3).

2. Matrizenöffnungswinkel

   Der Matrizenöffnungswinkel ist frei wählbar.

Beim Lochen wurde nur das Verhältnis aus Bodendicke und Loch-
durchmesser berücksichtigt. Dieses Verhältnis muß < 1 sein.

In Bild T 22 sind die bei der Herstellung von Hohlkörpern
berücksichtigten Verfahrensgrenzen zusammengestellt.

5.2   Berechnung der Vorgangskenngrößen

5.2.1   Grundsätzliche Bemerkungen

Für jede Umformstufe und jedes Umformverfahren der Zwischenformenfolge werden die wichtigsten Vorgangsgrößen berechnet:

- Fließspannung,
- Umformgrad,
- Umformkraft,
- Umformarbeit,
- Umformweg und
- Werkstücklänge.

Hinzu kommen beim Stauchen das Stauchverhältnis, beim Napf-
Fließpressen, Hohl-Fließpressen und Abstreckgleitziehen die
relative Querschnittsabnahme und beim Napf-Fließpressen noch
die Bodendicke.Beim Lochen wird nur die Lochkraft berechnet.

Verfahren	Berücksichtigte Verfahrensgrenzen (Hohlkörper)	
	Verfahrensgrenzen	Grenzwert
Hohl-Fließpressen	Umformgrad Matrizenöffnungswinkel Rohteillänge / Innendurchmesser	Werkstoffabhängig , in Werkstoffdatei abgespeichert frei wählbar $l_{io} / d_i \leq 4$
Napf-Fließpressen	relative Querschnittsabnahme Napftiefe / Innendurchmesser Bodendicke	Werkstoffabhängig , in Werkstoffdatei abgespeichert $l_i / d_i \leq 2{,}5$ siehe Bild T 21
Abstreck-gleitziehen	Umformgrad Matrizenöffnungswinkel	Werkstoffabhängig , in Werkstoffdatei abgespeichert frei wählbar
Lochen	Bodendicke / Lochdurchmesser	$s_B / d_L \leq 1{,}0$

Bild T 22: Programmsystem "Rechnerunterstützte Arbeitsplanerstellung in der Kaltmassivumformung" - berücksichtigte Verfahrensgrenzen und ihre Grenzwerte bei der Herstellung von Hohlkörpern.

Mit diesen Kenngrößen kann die Auswahl der benötigten Umformmaschinen erfolgen. Aus der Umformkraft und der Umformarbeit
kann unter Berücksichtigung einer Sicherheitsreserve das
erforderliche Kraft- und Arbeitsvermögen der Presse bestimmt
werden. Aus dem berechneten Umformweg kann der Maschinenhub
und aus der Werkstücklänge der Auswerferweg der Presse festgelegt werden.

Aus der Fließspannung kann auf die Festigkeit der Werkstücke
geschlossen werden.

Die restlichen Vorgangskenngrößen dienen lediglich der zusätz-
lichen Information für den Arbeitsplaner. Aus ihnen läßt sich
unter anderem die Belastung der Umformwerkzeuge erkennen.

5.2.2 Berechnungsgrundlagen

5.2.2.1 Fließspannung

Die Fließspannung wird mit Hilfe des Potenzansatzes nach Reihle [41] bzw. nach dem vereinfachten Ludwikschen Ansatz

$$k_f = C \cdot \varphi^n \tag{1}$$

berechnet. Die Konstanten C und n sind werkstoffabhängig und
sind deshalb in der Werkstoffdatei abgespeichert.

5.2.2.2 Umformgrad, relative Querschnittsabnahme, Umformweg, Werkstücklänge, Stauchverhältnis

Diese Vorgangskenngrößen lassen sich aus den geometrischen
Abmessungen vor und nach dem Umformvorgang berechnen.

Für den Umformgrad beim Stauchen gilt:

$$\varphi = \ln (l_1/l_0) \tag{2}$$

Bei den restlichen Umformverfahren berechnet sich der Umformgrad wegen Volumenkonstanz auf der Beziehung

$$\varphi = \ln /A_0/A_1). \tag{3}$$

Die relative Querschnittsabnahme folgt aus der Beziehung

$$\varepsilon_A = (A_0 - A_1)/A_0.\tag{4}$$

Der Umformweg ergibt sich aus der Differenz der Werkstücklänge vor und der Werkstücklänge nach dem Umformvorgang.

Die Werkstücklänge kann mit Hilfe des Werkstückvolumens berechnet werden.

Die Formel für das Stauchverhältnis lautet:

$$s = l_0/d_0.\tag{5}$$

5.2.2.3 Umformkraft, Umformarbeit

Zur Berechnung dieser Größen stehen mehrere Berechnungsverfahren zur Auswahl. Sie reichen von der elementaren Theorie bis hin zu den sehr umfangreichen, dafür jedoch wesentlich genaueren Verfahren der höheren Plastizitätstheorie.

Da bei der Arbeitsplanerstellung im allgemeinen nur eine grobe Kraftabschätzung notwendig ist, ist der größere Berechnungsaufwand für die Verfahren der höheren Plastizitätstheorie nicht gerechtfertigt. Es wurden deshalb für die Berechnung des Kraft- und Arbeitsbedarfs die Beziehungen der elementaren Theorie verwendet.

Für die Ermittlung des Kraftbedarfs wurden folgende Beziehungen angesetzt:

Voll-Vorwärts-Fließpressen:

$$F = A_0 \cdot k_{fm} \cdot \varphi + \frac{2}{3} \cdot \bar{\alpha} \cdot k_{fm} \cdot A_0 + \pi \cdot d_0 \cdot l \cdot k_{fo} \cdot \mu + \frac{2k_{fm} \cdot \varphi \cdot \mu \cdot A_0}{\sin 2\,\alpha}\tag{6}$$

Voll-Rückwärts-Fließpressen:

$$F = A_0 \cdot k_{fm} \cdot \varphi + \frac{2}{3} \cdot \bar{\alpha} \cdot k_{fm} \cdot A_0 + \frac{2 \cdot k_{fm} \cdot \varphi \cdot \mu \cdot A_0}{\sin 2\,\alpha}\tag{7}$$

Verjüngen:

$$F = A_o \cdot k_{fm} \cdot \varphi + \frac{1}{2} \cdot \bar{a} \cdot k_{fm} \cdot A_o + \frac{2 \cdot k_{fm} \cdot \varphi \cdot \mu \cdot A_o}{\sin 2\alpha} \qquad (8)$$

Hohl-Vorwärts-Fließpressen:

$$F = A_o \cdot k_{fm} \cdot \varphi + \frac{1}{2} \cdot \bar{a} \cdot k_{fm} \cdot A_o + \pi \cdot d_o \cdot 1 \cdot k_{fo} \cdot \mu + \frac{2 k_{fm} \cdot \varphi \cdot \mu \cdot A_o}{\sin 2\alpha}$$

$$+ \frac{k_{fm} \cdot \varphi \cdot A_1 \cdot \mu}{\tan \alpha} + \pi \cdot d_2 \cdot 1 \cdot \mu \cdot \bar{p}_r \qquad (9)$$

Hohl-Rückwärts-Fließpressen:

$$F = A_o \cdot k_{fm} \cdot \varphi + \frac{1}{2} \cdot \bar{a} \cdot k_{fm} \cdot A_o + \frac{2 k_{fm} \cdot \varphi \cdot A_o}{\sin 2\alpha} + \frac{k_{fm} \cdot \varphi \cdot A_1 \mu}{\tan \alpha}$$

$$+ \pi \cdot d_2 \cdot 1 \cdot \mu \cdot \bar{p}_r \qquad (10)$$

Napf-Fließpressen:

$$F = A_1 \cdot k_{f1} \cdot (1 + \frac{1}{3} \cdot \mu_1 \cdot \frac{d_i}{s_B}) + A_1 \cdot k_{f2} \cdot (1 + \mu \cdot \frac{s_B}{s_W}) \qquad (11)$$

$$\text{mit } \mu_1 = 0{,}15 \qquad (11\ a)$$

$$\mu_2 = \frac{1}{2} \cdot (\mu_1 - 0{,}5) = 0{,}325 \qquad (11\ b)$$

$$\varphi_1 = \ln (1_o / s_B) \qquad (11\ c)$$

$$\varphi_2 = \varphi_1 \cdot (1 + \frac{d_i}{8 s_W}) \qquad (11\ d)$$

Abstreckgleitziehen:

$$F = A_1 \cdot k_{fm} \cdot [(1 + \frac{2 \cdot \mu}{\sin \alpha}) \cdot \varphi + \frac{\bar{\alpha}}{2}] \qquad (12)$$

Stauchen:

$$F = k_{fm} \cdot A_1 \cdot (1 + \frac{1}{3} \cdot \mu \cdot \frac{d_1}{1_1}) \qquad (13)$$

Lochen:

$$F = 1_s \cdot s_W \cdot k_s \qquad \text{mit } k_s = 0{,}8 \cdot R_m \qquad (14)$$

Der Kraftbedarf der Verfahrenskombinationen entspricht dem
kleinsten Kraftbedarf der an der Kombination beteiligten Verfahren.

Für den Arbeitsbedarf ergeben sich folgende Beziehungen:

Voll-Vorwärts-Fließpressen:

$$W = V \cdot k_{fm} \cdot \varphi \cdot (1 + \frac{2}{3} \cdot \frac{\overline{\alpha}}{\varphi} + \frac{\mu}{\sin\alpha \cdot \cos\alpha} + \frac{4 \cdot 1 \cdot \mu \cdot k_{fo}}{d_o \cdot \varphi \cdot k_{fm}}) \tag{15}$$

Voll-Rückwärts-Fließpressen:

$$W = V \cdot k_{fm} \cdot \varphi \cdot (1 + \frac{2}{3} \cdot \frac{\overline{\alpha}}{\varphi} + \frac{\mu}{\sin\alpha \cdot \cos\alpha}) \tag{16}$$

Verjüngen:

$$W = V \cdot k_{fm} \cdot \varphi \cdot (1 + \frac{1}{2} \cdot \frac{\overline{\alpha}}{\varphi} + \frac{\mu}{\sin\alpha \cdot \cos\alpha}) \tag{17}$$

Hohl-Vorwärts-Fließpressen:

$$W = V \cdot k_{fm} \cdot \varphi \cdot (1 + \frac{1}{2} \cdot \frac{\overline{\alpha}}{\varphi} + \frac{4 \cdot 1 \cdot \mu \cdot k_{fo}}{d_o \cdot \varphi \cdot k_{fm}} + \frac{2\mu}{\sin 2\alpha} + \frac{\mu}{\tan\alpha}$$
$$+ \frac{\pi \cdot d_2 \cdot 1 \cdot \mu \cdot \overline{p}_r}{V \cdot k_{fm} \cdot \varphi} \tag{18}$$

Hohl-Rückwärts-Fließpressen:

$$W = V \cdot k_{fm} \cdot \varphi \cdot (1 + \frac{1}{2} \cdot \frac{\overline{\alpha}}{\varphi} + \frac{2\mu}{\sin 2\alpha} + \frac{\mu}{\tan\alpha} + \frac{\pi \cdot d_2 \cdot 1 \cdot \mu \cdot \overline{p}_r}{V \cdot k_{fm} \cdot \varphi}) \tag{19}$$

Napf-Fließpressen:

$$W = V \cdot [k_{f1} \cdot (1 + \frac{1}{3} \cdot \mu_1 \cdot \frac{d_i}{s_B}) + k_{f2} \cdot (1 + \mu_2 \cdot \frac{s_B}{s_W}) \tag{20}$$

Abstreckgleitziehen:

$$W = V \cdot k_{fm} \cdot [(1 + \frac{2\mu}{\sin\alpha}) \cdot \varphi + \frac{\overline{\alpha}}{2}] \tag{21}$$

Stauchen:

$$W = a \cdot V \cdot [1 + \frac{1}{6} \cdot \mu \cdot (\frac{d_o}{l_o} + \frac{d_1}{l_1})] \tag{22}$$

Ein vollständiger Überblick über die Berechnungsformeln zum
Kraft- und Arbeitsbedarf der jeweiligen Umformverfahren ist in
[37] zu finden.

5.3   Aufbau des Programmteils

Da der Programmteil für die Berechnung der Stadienfolge und
der Vorgangskenngrößen sehr umfangreich ist, wurden vier selb-
ständige Programmeinheiten gebildet:

>   Einheit 1: Einseitig steigende Vollkörper (VK 1)
>   Einheit 2: Zweiseitig steigende Vollkörper (VK 2)
>   Einheit 3: Einseitig steigende Hohlkörper (HK 1)
>   Einheit 4: Zweiseitig steigende Hohlkörper (HK 2)

Je nachdem,in welche Kategorie das jeweilige Werkstück fällt,
wird nach der Werkstückbeschreibung und der Werkstoffauswahl
die entsprechende Einheit aufgerufen. Dadurch wird der benötig-
te Speicherplatzbedarf erheblich reduziert.

Der grundsätzliche Aufbau ist bei allen vier Einheiten gleich
(Bild T 23). Je nach der in Frage kommenden Verfahrensart

> - Verfahren mit Querschnittsverminderung,
> - Kombination von Verfahren mit Querschnittsvermin-
>   derung und Querschnittsvergrößerung und
> - Verfahren mit Querschnittsvergrößerung

wird die entsprechende Prioritätenliste (s.Abschn. 5.1.4) abge-
arbeitet und die Arbeitsfolge festgelegt.

Hierzu sind an dieser Stelle noch einige Anmerkungen zu machen.

Wie schon in Abschn. 5.1.4 beschrieben, muß bei der Bestimmung
der Arbeitsvorgangsfolge auch auf eine gute Schmierung der Werkstücke
geachtet werden. Dies trifft hauptsächlich bei den Verfahren
Verjüngen und Abstreckgleitziehen zu, da hier die Umformgrade
nur sehr klein sind und diese Verfahren deshalb mehrmals ohne
eine Zwischenglühung wiederholt werden können. Mit Rücksicht
auf eine gut geschmierte Werkstückoberfläche wird aber jeweils

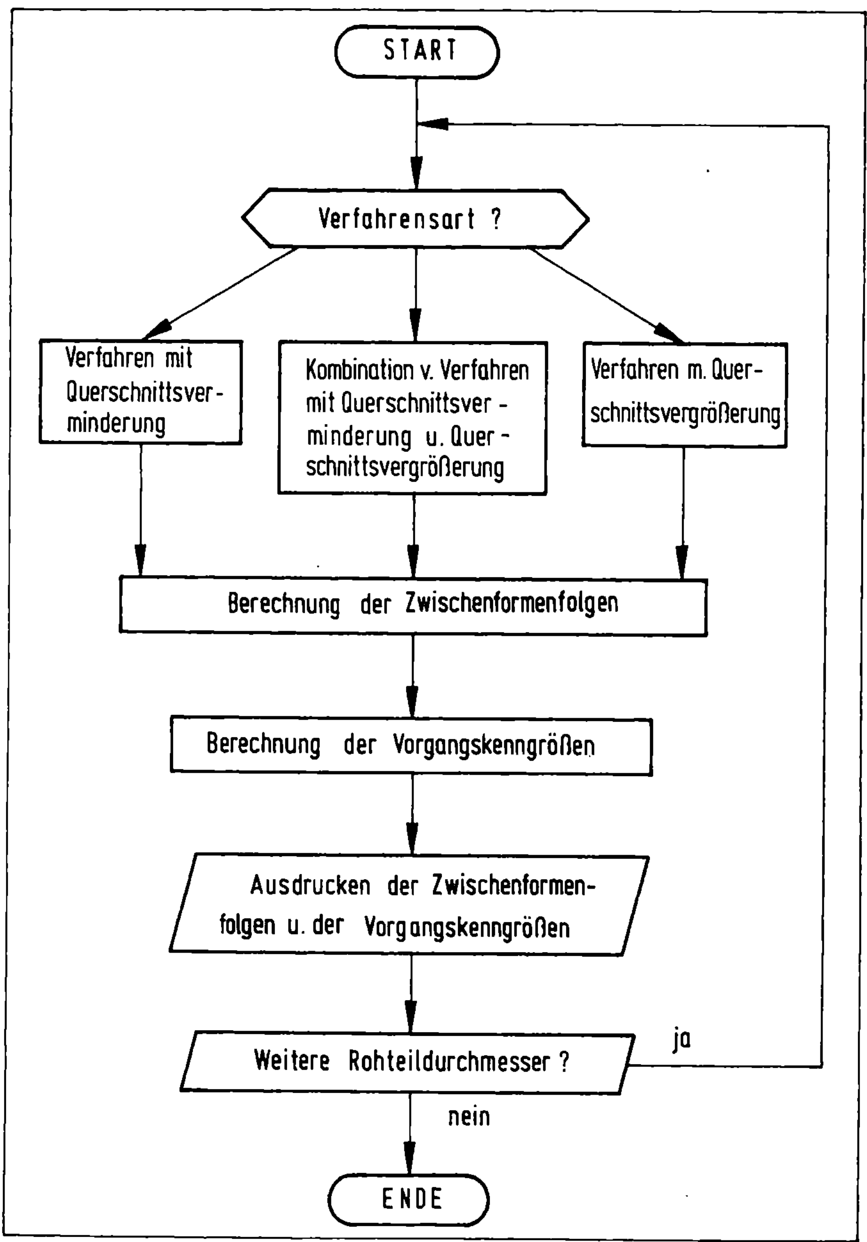

Bild T 23: Flußdiagramm des Programmteils "Ermittlung der erforderlichen Arbeitsfolge".

nur eine Wiederholung zugelassen, unabhängig davon, wie groß
der Gesamtumformgrad ist.

Ein weiteres Problem ist die Nachbearbeitung der kaltumgeform-
ten Werkstücke zur Beseitigung der Fließpreßschultern usw.
Hierzu wurden in [42] umfangreiche Untersuchungen durchgeführt.
Die Kriterien, die für eine spanende oder eine umformende
Nachbearbeitung sprechen, sind nur unter sehr großen Schwierigkeiten in diesem Programmsystem zu berücksichtigen. Deshalb
wurde darauf verzichtet, diese Entscheidung in das Programm
mit einzuarbeiten. Wenn eine Nacharbeit notwendig ist, wird
lediglich die Information "Kalibrieren" ausgedruckt, gleich-
gültig wie dieser Arbeitsgang später durchgeführt wird. Dies
ist auch der Grund, warum das "Beschneiden" als Umformverfahren
nicht berücksichtigt wird.

Für die in der Zwischenformenfolge aufgeführten Umformverfahren
werden die Vorgangskenngrößen berechnet. Bei der Berechnung des
Kraft- und Arbeitsbedarfs gibt es zwei Möglichkeiten:

- Berechnung mit Hilfe der intern gespeicherten Werte
  für den Matrizenöffnungswinkel und die Reibzahl.
- Berechnung mit neuen, vom Anwender eingegebenen Wer-
  ten für den Matrizenöffnungswinkel und die Reibzahl.

Die flexible Handhabung dieser beiden Zahlenwerte hat mehrere
Gründe.

1. Es besteht dadurch die Möglichkeit, verschiedene Matrizenöffnungswinkel zu berücksichtigen, denn, wie schon in Abschn.
   5.1 ausgeführt, wird auf die Eingabe der Fließpreßschulter
   bzw. der Schulter beim Verjüngen bei der Werkstückbeschreibung zunächst verzichtet.

   Im Rechenprogramm sind die Werte

   $2 \alpha = 150$ ° für das Voll-Fließpressen und
   $2 \alpha = 20$ ° für das Verjüngen

   fest vorgegeben.

2. Die Festlegung der Reibzahl in den Formeln für den Kraft- und
   Arbeitsbedarf ist sehr schwierig, da zum einen die Gegebenheiten bei den Verfahren für die Bestimmung der Reibzahl
   nicht unbedingt vergleichbar sind mit den Gegebenheiten bei
   den tatsächlichen Umformvorgängen und zum anderen die Einflußgrößen auf die Reibzahl sehr komplex sind. Im Schrift-
   tum liegen zwar Richtwerte für die verfahrensspezifischen
   Reibzahlen vor [37], die Angaben schwanken jedoch sehr stark.

Im Rechenprogramm sind folgende Reibzahlen vorgegeben:

$\mu = 0,15$ für das Stauchen,

$\mu = 0,08$ für das Voll-Fließpressen,

$\mu = 0,1$ für das Verjüngen,

$\mu = 0,12$ für das Hohl-Fließpressen und

$\mu = 0,05$ für das Abstreckgleitziehen.

Die Berechnung des Kraftbedarfs beim Napf-Fließpressen erfolgt nach Dipper [43]. In dieser Formel sind die Reibzahlen
Bestandteil der Theorie und können deshalb nicht variiert
werden.

Im Anschluß an die Berechnung der Vorgangskenngrößen erfolgt
das Ausdrucken der Ergebnisse.

Falls der Arbeitsplan noch für einen weiteren Rohteildurchmesser erstellt werden soll, wird der gesamte Zyklus noch einmal durchlaufen. Falls nicht, ist der Programmteil abgeschlossen.

6   Berechnungsbeispiele

Im folgenden sollen für alle in Abschnitt 5.3 beschriebenen
Programmeinheiten stellvertretend jeweils ein Beispiel gezeigt
werden.

6.1   Beispiele für die Vollkörperherstellung

6.1.1   Einseitig steigende Vollkörper

Als Beipsiel für einen einseitiq steiqenden Vollkörper soll für
das in Bild B 5 (linke Hälfte) dargestellte Werkstück der Arbeitsplan berechnet werden. Der Werkstückwerkstoff sei Q St 32-3.
Es sollen für alle Fertigteildurchmesser als mögliche Rohteildurchmesser die Arbeitspläne erstellt werden.

Arbeitsvorgangsfolge für d_o = 30 mm Rohteildurchmesser:

        1 Arbeitsgang: Verfahrenskombination aus Voll-Vor-
                       wärts-Fließpressen und Verjüngen.

Arbeitsvorgangsfolge für d_o = 20 mm Rohteildurchmesser:

        1 Arbeitsgang: Verjüngen und Stauchen.

Arbeitsvorgangsfolge für d_o = 18 mm Rohteildurchmesser:

        2 Arbeitsgänge: 1. Vorstauchen
                        2. Stauchen

Die ausführlichen Arbeitspläne mit den jeweiligen Vorgangskenngrößen zeigt Bild B 6.

Für den Rohteildurchmesser d_o = 20 mm ist in Bild B 7 das Plotterbild der erforderlichen Zwischenformenfolge abgebildet.

6.1.2   Zweiseitig steigende Vollkörper

Für das in Bild B 5 (rechte Hälfte) gezeigte Werkstück sollen für

alle Fertigteildurchmesser als mögliche Rohteildurchmesser
die Arbeitspläne berechnet werden. Der Werkstückwerkstoff sei
Ck 15.

Arbeitsvorgangsfolge für d_o = 26 mm Rohteildurchmesser:

    2 Arbeitsgänge: 1. Vorstauchen
                   2. Stauchen.

Arbeitsvorgangsfolge für d_o = 40 mm Rohteildurchmesser:

    1 Arbeitsgang: Voll-Vorwärts-/Voll-Rückwärts-Fließ-
                  pressen und Verjüngen.

Arbeitsvorgangsfolge für d_o = 35 mm Rohteildurchmesser:

    2 Arbeitsgänge: 1. Voll-Vorwärts-Fließpressen
                   2. Verjüngen und Stauchen.

Arbeitsvorgangsfolge für d_o = 30 mm Rohteildurchmesser:

    1 Arbeitsgang: Verjüngen und Stauchen.

Die ausführlichen Arbeitspläne einschließlich der Vorgangskenngrößen sind aus Bild B 8 zu ersehen.

Die Zwischenformenfolge für d_o = 35 mm Rohteildurchmesser ist
als Plotterbild in Bild B 9 dargestellt.

6.2   Beispiele für die Hohlkörperherstellung

6.2.1   Einseitig steigende Hohlkörper

Bild B 10 (linke Hälfte) zeigt das untersuchte Werkstück. Der
Werkstückwerkstoff sei Ck 35. Für die Fertigteildurchmesser
als mögliche Rohteildurchmesser lauten die entsprechenden Arbeitsvorgangsfolgen (siehe Bild B 11):

Arbeitsvorgangsfolge für d_o = 40 mm Rohteildurchmesser:

    4 Arbeitsgänge: 1. Napf-Rückwärts-Fließpressen
                   2. Voll-Vorwärts-Fließpressen
                   3. Abstreckgleitziehen
                   4. Abstreckgleitziehen.

Arbeitsvorgangsfolge für d_o = 30 mm Rohteildurchmesser:

    4 Arbeitsgänge: 1. Napf-Rückwärts-Fließpressen
                  2. Abstreckgleitziehen
                  3. Abstreckgleitziehen
                  4. Stauchen.

Arbeitsvorgangsfolge für d_o = 26 mm Rohteildurchmesser:

    4 Arbeitsgänge: 1. Napf-Rückwärts-Fließpressen
                  2. Abstreckgleitziehen
                  3. Vorstauchen
                  4. Stauchen

Arbeitsvorgangsfolge für d_o = 22,5 mm Rohteildurchmesser:

    5 Arbeitsgänge: 1. Vorstauchen
                  2. Stauchen
                  3. Napf-Rückwärts-Fließpressen
                  4. Vorstauchen
                  5. Stauchen.

Für d_o = 30 mm Rohteildurchmesser ist in Bild B 12 das Plotterbild der Zwischenformenfolge dargestellt.

6.2.2   Zweiseitig steigende Hohlkörper

Das untersuchte Werkstück ist aus Bild B 10 (rechte Hälfte) zu ersehen. Der Werkstückwerkstoff sei 16 MnCr 5. Es werden, wie schon bei den anderen gezeigten Beispielen, wieder für alle Fertigteildurchmesser als mögliche Rohteildurchmesser die Arbeitspläne berechnet (Bild B 13).

Arbeitsvorgangsfolge für d_o = 20 mm Rohteildurchmesser:

    5 Arbeitsgänge: 1. Stauchen
                  2. Napf-Rückwärts-Fließpressen
                  3. Lochen
                  4. Hohl-Vorwärts-Fließpressen
                  5. Stauchen.

Arbeitsvorgangsfolge für d_O = 40 mm Rohteildurchmesser:

> In diesem Fall wird kein Arbeitsplan berechnet, da
> die Arbeitsvorgangsfolge aus wirtschaftlichen Grün-
> den nicht zu vertreten ist. Beim notwendigen Napf-
> Rückwärts-Fließpressen ist die rel. Querschnitts-
> abnahme zu gering (ε_A = 6,25 %), um eine wirtschaft-
> liche Standmenge der Werkzeuge zu erreichen.

Arbeitsvorgangsfolge für d_O = 25 mm Rohteildurchmesser:

4 Arbeitsgänge: 1. Napf-Rückwärts-Fließpressen
                  2. Lochen
                  3. Hohl-Vorwärts-Fließpressen
                  4. Stauchen.

Diese Zwischenformenfolge ist als Plotterbild in Bild B 14 gezeigt.

6.3   Wirtschaftlichkeit des Programmsystems

Dieses Programmsystem wurde mit dem Ziel erstellt,die Angebotsbearbeitung zu rationalisieren. An zwei Beispielen soll
nun bewiesen werden, daß dieses Ziel erreicht wurde.

Bei den Beispielen handelt es sich um zwei Werkstücke, die
bereits in Großserie in einer Kaltfließpresserei gefertigt
werden.

Die Erstellung des Arbeitsplans für das Beispiel 1 (Bild B 15)
wird erschwert durch die Forderung nach Mindestfestigkeiten
im Werkstück. Diese Forderung bedeutet, daß die Arbeitsfolge
zusätzlich unter dem Gesichtspunkt der Verfestigung erstellt
werden muß, d.h. die Arbeitsvorgangsfolgen,Wärmebehandlungen und
jeweiligen Umformgrade müssen genau aufeinander abgestimmt
sein.

Dagegen stellt die Erstellung des Arbeitsplans für das Beispiel
2 (Bild B 16) keine größeren Probleme dar.

In Bild B 17 sind die Bearbeitungszeiten und die Rechenzeiten
für die beiden Beispiele im Falle der rechnerunterstützten

Arbeitsplanerstellung zusammengestellt. Die gesamte Bearbeitungszeit beträgt beim Beispiel 1 1,75 h und beim Beispiel 2 0,33 h.
Die Rechenzeiten betragen 25 bzw. 20 Systemsekunden.

Nach Aussage der befragten Kaltfließpresserei belaufen sich
die Bearbeitungszeiten bei manueller Arbeitsplanerstellung
auf 6 Stunden im Beispiel 1 und auf 2 Stunden im Beispiel 2.
Die Zeichnungserstellung ist in diesen Zeitangaben nicht in-
begriffen.

Bei einem ausführlichen Wirtschaftlichkeitsvergleich genügt es
jedoch nicht, nur die Bearbeitungszeiten zu vergleichen, sondern es
müssen die jeweiligen Betriebskosten für die benötigten Hilfsmittel mitberücksichtigt werden. In diesem Falle ist dies jedoch nicht möglich, da die Kosten, die durch einen Computer
entstehen, in jeder Firma unterschiedlich sind. Diese hängen
ab von der Größe, vom Auslastungsgrad und der Anzahl der
Peripheriegeräte der Rechenanlage. Da dieser Wirtschaftlichkeitsvergleich jedoch möglichst allgemeingültig sein sollte,
wurden nur die Bearbeitungszeiten verglichen.

Die Kosten für einen geschulten Mitarbeiter in der Arbeitsvorbereitung scheinen mit DM 50,--/h realistisch zu sein. Das
gleiche gilt für die Rechenkosten, die mit DM 1,--/Systemsekun-
de angesetzt wurden.

Eine Gegenüberstellung der anfallenden Kosten bei der rechnerunterstützten und bei der manuellen Arbeitsplanerstellung,
basierend auf den Bearbeitungs- und den Rechenzeiten, zeigt
Bild B 18. Die Kostenersparnis liegt beim Beispiel 1 bei 62,5 %
und beim Beispiel 2 bei 63,3 %.

Diese Zahlen belegen die Wirtschaftlichkeit der rechnerunterstützten Arbeitsplanerstellung in der Kaltmassivumformung nachdrücklich.

Im Anschluß an die Erstellung des Arbeitsplans können die Herstellkosten berechnet werden. Dieser Programmteil ist bis jetzt noch vom restlichen Programmsystem getrennt, da der Modul 3 als Bindeglied zwischen Modul 2 und Modul 4 (Bild T 2) noch fehlt. Diese Trennung hat jedoch den Vorteil, daß das Kostenrechnungsprogramm auch in anderen Bereichen eingesetzt werden kann.

7.1   Kostenrechnungsmethode

Bei der Berechnung der Herstellkosten wird grundsätzlich von einer Aufteilung in Einzel- und Gemeinkosten ausgegangen. Unter Einzelkosten sind dabei die dem Produkt direkt zurechenbaren Kosten, wie z. B. die Werkstückwerkstoffkosten, zu verstehen. Die Gemeinkosten dagegen können nicht direkt einem einzelnen Produkt zugeordnet werden, sie müssen vielmehr mit Hilfe eines Verteilungssschlüssels erst auf die Erzeugnisse aufgeteilt werden. Zu den Gemeinkosten sind z. B. die Raumkosten und Instandhaltungskosten zu zählen.

Die Kaltmassivumformung ist eine sehr kapitalintensive Fertigung. Deshalb stellt der Fertigungslohn keine geeignete Basis zur Verrechnung der Gemeinkosten dar.

Die Platzkostenrechnung ermöglicht dagegen bei kapitalintensiven Fertigungsverfahren eine verursachungsgerechte Verteilung der Gemeinkosten auf die einzelnen Kostenträger.

Hierbei wird der größte Teil der Fertigungsgemeinkosten mit Hilfe der Maschinenstundensatzrechnung ermittelt. Im Maschinenstundensatz sind die Maschinenkosten, wie kalkulatorische Abschreibung, kalkulatorische Zinsen, Raumkosten, Energiekosten und Instandhaltungskosten pro Maschinenstunde enthalten. In Bild T 24 sind die einzelnen Bestandteile der Herstellkosten und die Eingliederung des Maschinenstundensatzes in diese Kalkulationsschemata dargestellt [44].

Die Herstellkosten setzen sich im einzelnen zusammen aus Material- und Materialgemeinkosten, Maschinen- und Werkzeugkosten, Fertigungslohnkosten sowie den Lohn- und Restfertigungsgemeinkosten. Hinzu kommen die je Auftrag bzw. je Fer-

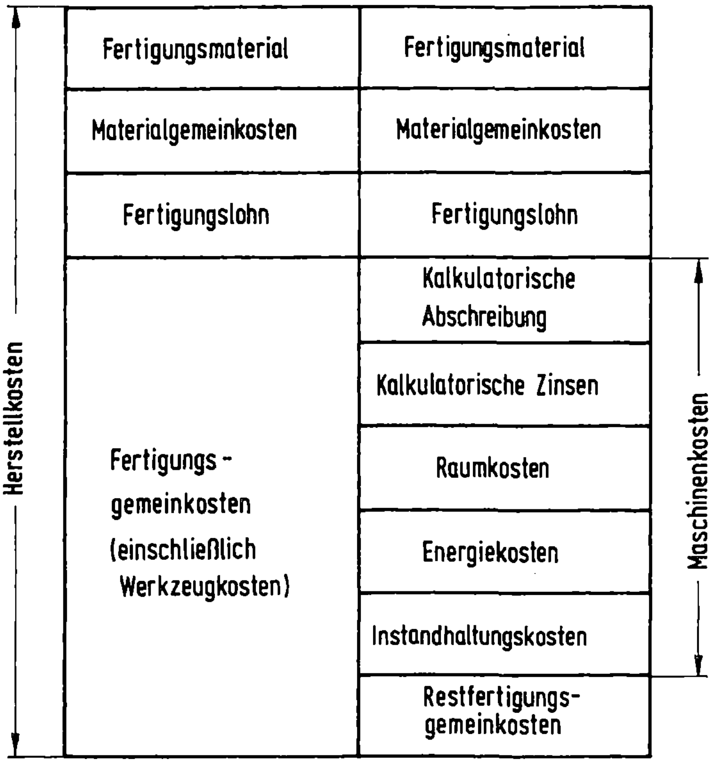

Bild T 24: Zusammensetzung der Herstellkosten.

tigungslos anfallenden Auftragswiederholkosten, die Entwick-
lungs- und Auftragsvorbereitungskosten.

Das in dieser Untersuchung benutzte Schema zur Berechnung der
Herstellkosten stellt sich wie folgt dar [45]:

```
      Materialkosten
  +   Maschinenstundenkosten
  +   Lohnkosten
  +   Werkzeugkosten
  +   Restkosten
  ─────────────────────────
  =   Herstellkosten
```

Um eine möglichst exakte und allgemeine Berechnungsformel für
die Ermittlung der Herstellkosten zu erhalten, wurden die einzelnen Kostenanteile so weit wie möglich aufgegliedert.

Die Materialkosten setzen sich zusammen aus:

- Materialpreis,
- Energieverbrauch der Rohstahlgewinnung,
- bezogene Energiekosten,
- Rohstahlgewinnungsrestkosten,
- Halbzeugerstellungsenergieverbrauch,
- Halbzeugerstellungsrestkosten,
- Materialgemeinkostensatz,
- weitere Kosten.

In den weiteren Kosten sind die Kosten für die Rohteilherstellung enthalten.

Kostenanteile für die Berechnung des Maschinenstundensatzes:

- Anschaffungspreis der Fertigungseinrichtung
  (einschließlich aller Nebenkosten),
- Nutzungsdauer der Anlage,
- Kapitalzinssatz,
- Raumbedarf,
- bezogene Raumkosten,
- Maschinennutzungsgrad,
- Arbeitszeit,
- Instandhaltungskostensatz (vom Anschaffungs-
  preis /Jahr),
- elektrische Anschlußleistung,
- durchschnittlicher Belastungsfaktor,
- bezogene Stromkosten,
- Kosten für Hilfsstoffe,
- Mengenleistung.

Lohnkostenanteile:

- Lohnkosten für Bedienungsmann,
- Lohnkosten für Einrichter,
- Lohngemeinkostensatz.

Werkzeugkostenanteile:

- Fixe Werkzeugkosten,
- variable Werkzeugkosten.

Auftragsbezogene Kostenanteile:

- Entwicklungs- und Auftragsvorbereitungskosten,
- Rüstkosten,
- Auftragsgröße,
- Anzahl der Fertigungslose.

Die ausführliche Formel für die Berechnung der Herstellkosten lautet:

$$HK = MV \cdot [EVRSG \cdot BEK \cdot EKIX + RSGRK + HEEV \cdot BEK \cdot EKIX + HERK] \cdot$$

$$[1 + \frac{MGKS}{100}] + WK + [\frac{(ASW \cdot KIX/ASZ) + ASW \cdot KIX \cdot 0,5}{MNG \cdot MBZ \ / \ 100}$$

$$\frac{(KZS/100) + BLF \cdot BZRK}{} + \frac{ASW \cdot KIX \cdot ISHKS/100}{MNG \cdot MBZ/100}$$

$$+ (EAL \cdot DBF \cdot BSK \cdot SKIX/100) + KHB + \frac{LKB \cdot LKIX}{SZB} +$$

$$(1 + \frac{GKS}{100})] \cdot \frac{100}{ML} + FWZK + VWZK + (EWK + RK) \cdot \frac{100}{ATG}$$

$$+ RK \cdot (ZFL - 1) \cdot \frac{100}{ATG}$$

mit

$$MV = [D^2/4 \cdot \pi \cdot (L + ZSA)] \cdot SZD \cdot 10^{-4}$$

für die Berechnung des Materialverbrauchs.

7.2   Aufbau des Programmteils

Da bei der Berechnung der Herstellkosten im allgemeinen nicht
in das Programm eingegriffen werden muß, war es nicht erforderlich, diesen Programmteil im Dialogbetrieb ablaufen zu lassen.
Deshalb wurde nur BATCH-Betrieb vorgesehen.

Aus Bild T 25 ist der Programmaufbau zu ersehen:

Nach dem Start des Programms werden zunächst die Eingabedaten
eingelesen. Danach erfolgt die Berechnung der Materialkosten.
Für jede Umformstufe werden anschließend die Maschinenstundenkosten, die Lohnkosten und die Werkzeugkosten berechnet und
aufsummiert.

Die Herstellkosten ergeben sich aus der Summe von diesem Zwi-
schenergebnis und den Materialkosten.

Falls die Herstellkosten noch für eine andere Stückzahl berechnet werden sollen, beginnt das Programm wieder bei der Berechnung der Maschinenstundenkosten. Falls nicht, ist das Programm
beendet.

7.3   Beispiel für die Berechnung der Herstellkosten

Auch dieser Programmteil soll an einem Beispiel noch näher erläutert werden.

Bei dem betrachteten Beispiel (Bild B 19) handelt es sich um
ein Werkstück aus Q St 32-3, das in einem Arbeitsgang durch
Voll-Vorwärts-/Napf-Rückwärts-Fließpressen hergestellt wird.

Folgende Daten wurden der Berechnung zugrundegelegt:

   Materialbezogene Daten:

- Materialpreis	1,00	RE/kg
- Energieverbrauch der Rohstahl- gewinnung	36	MJ/kg
- bezogene Energiekosten	0,005	RE/MJ
- Rohstahlgewinnungsrestkosten	0,470	RE/kg

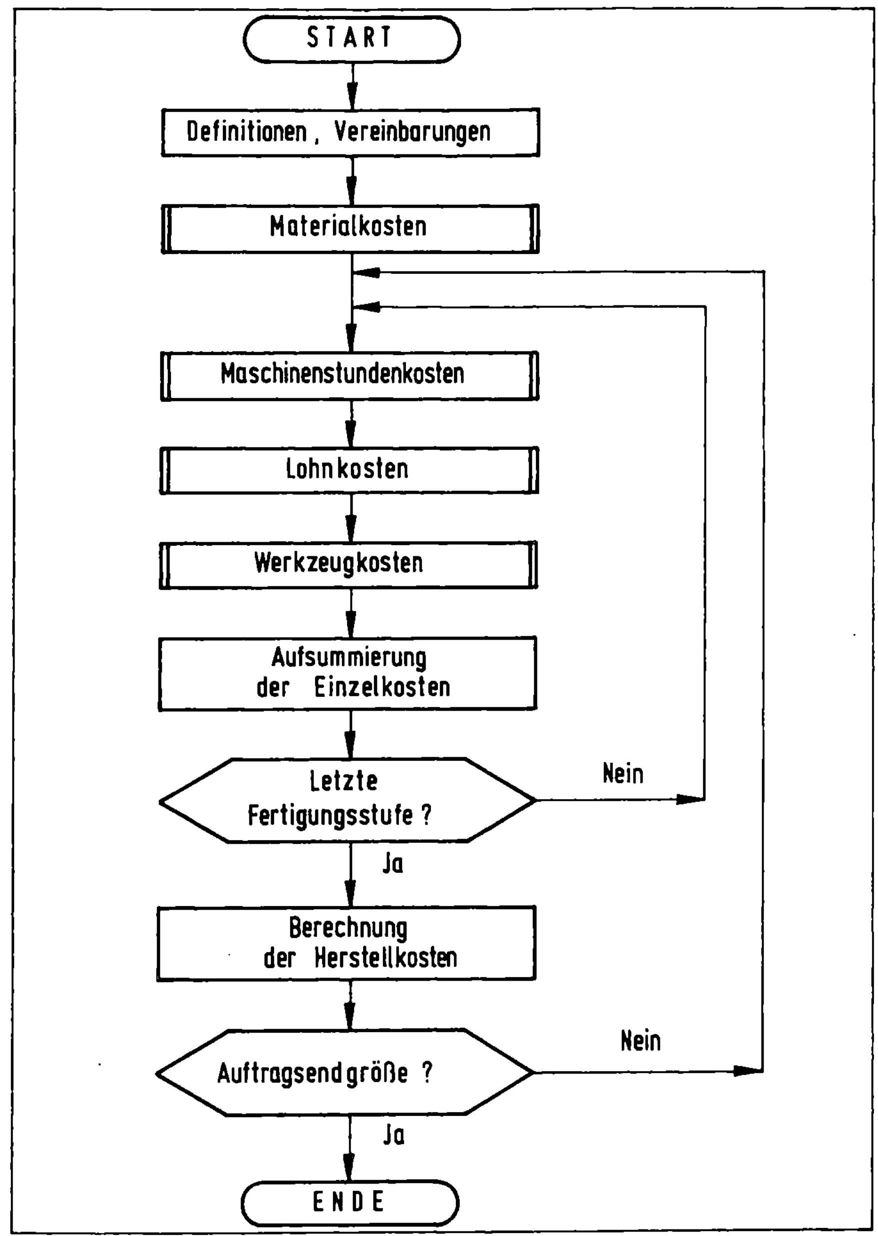

Bild T 25: Flußdiagramm des Programmteils "Berechnung der Herstellkosten".

- Halbzeugerstellungsenergie-
  verbrauch   3   MJ/kg
- Halbzeugerstellungsrestkosten   0,335   RE/kg
- Materialgemeinkostensatz   4   %

Dieser Aufteilung der Energiekosten auf Rohstahlerzeugung
und Halbzeugerstellung liegt die Annahme zugrunde, daß ca.
65 % vom Preis des Werkstoffes auf die Rohstahlerzeugung
und ca. 35 % auf die Halbzeugerstellung entfallen.

Die Materialkosten ergeben sich
somit zu   46,78   RE/100 Stck.

  - Weitere Kosten   27,4   RE/100 Stck.

Maschinenbezogene Daten:

  - Anschaffungspreis der Fertigungs-
    einrichtung (einschließlich
    aller Nebenkosten)   525 000   RE

Die Fertigungseinrichtung besteht in diesem Falle aus einer
mechanischen Presse (4000 kN Preßkraft, ca. 35 Hübe pro Minute),
sowie einer automatischen Werkstückhandhabungseinrichtung zur
Beschickung der Presse.

- Nutzungsduaer der Anlage   10   Jahre
- Kapitalzinssatz   7   %
- Raumbedarf   15 m^2
- bezogene Raumkosten   120 RE/m^2,Jahr
- Maschinennutzungsgrad   80   %
- Arbeitszeit (Zweischichtbetrieb)   4000   h/Jahr
- Instandhaltungskostensatz   5   %
  (vom Anschaffungspreis/Jahr)
- elektrische Anschlußleistung   30   kW
- durchschnittlicher Belastungs-
  faktor   40   %
- bezogene Stromkosten   0,15   RE/kWh
- Kosten für Hilfsstoffe   0,125   RE/h

- Mengenleistung   1800   Stck./h
  (ermittelt aus Nettohubzahl
   der mechanischen Presse von
   30 Hüben pro Minute)

Aus diesen Daten erhält man
Maschinenkosten von   1,82   RE/100 Stck.

Arbeitslohnspezifische Daten:

- Bedienungsmann   20,0   RE/h
  Zweimaschinenarbeit des
  Bedienungsmannes
- Einrichter   25,0   RE/h
  Der Einrichter betreut 10 Pressen
- Lohngemeinkostensatz   20   %

Die Lohnkosten belaufen sich auf   0,83   RE/100 Stck.

Werkzeugbezogene Kosten:

- Fixe Werkzeugkosten (pro 100 Stck.)1   RE
- Variable Werkzeugkosten
  (pro 50 000 Stck.)   2500   RE

Hieraus erhält man Werkzeugkosten
in Höhe von   6,85   RE/100 Stck.

Auftragsbezogene Kosten:

- Entwicklungs- und Auftrags-
  vorbereitungskosten   3000   RE
- Rüstkosten   400   RE
- Auftragsgröße   400000   Stck.
- Anzahl der Fertigungslose   1

Diese Kostenanteile führen zu Herstellkosten in Höhe von   83,69   RE/100 Stck.

Der Ergebnisausdruck für dieses Beispiel ist in Bild B 20 dargestellt.

Die sehr detaillierte Aufgliederung der einzelnen Kostenanteile hat den Vorteil, daß die Herstellkosten unter den unter-
schiedlichsten Gesichtspunkten berechnet werden können. So
wurde mit Hilfe dieses Programms in [46] die Veränderung der
Herstellkosten spanend und umformend gefertigter gleicher Werkstücke bei Erhöhung der Energiekosten ermittelt. Dabei stellte
sich heraus, daß bei einer Erhöhung der Energiekosten die Herstellkosten bei der spanenden Fertigung in wesentlich größerem
Maße ansteigen als bei der umformenden Fertigung (Bild B 21).

Ziel der Untersuchung war es, einen Beitrag zur Auffindung
wirtschaftlicher Fertigungsmöglichkeiten unter Einsatz elektro-
nischer Datenverarbeitungsanlagen für das Kaltmassivumformen
rotationssymmetrischer Werkstücke zu leisten. Das erstellte
Programmsystem ermöglicht einen geschlossenen Informations-
fluß von der Werkstückzeichnung bis zur Werkstückfertigung. Es
reicht von der Ermittlung der Rohteilherstellung über die
Festlegung der Arbeitsvorgangsfolge einschließlich der erforderlichen Wärme- und Oberflächenbehandlungen und der zeichne-
rischen Darstellung der Arbeitsvorgangsfolge bis hin zur Berechnung der Herstellkosten.

Das Programmsystem wurde in FORTRAN IV geschrieben. Es läuft
im Dialogbetrieb ab. Damit ist gewährleistet, daß der Anwender
seine persönliche Erfahrung bereits während des Programmablaufs einbringen kann, und das Programm einen Arbeitsplan nach
seinen Vorstellungen erstellt.

Das zugelassene Teilespektrum umfaßt einseitig und zweiseitig
steigende rotationssymmetrische Voll- und Hohlkörper. Bezüglich
der Werkstückabmessungen bestehen keine Einschränkungen.

Da einige Verfahrensgrenzen der Verfahren der Kaltmassivumformung werkstoffabhängig sind, wurde eine Werkstoffdatei erstellt. Hierfür wurden mittels einer Firmenbefragung unter
führenden Kaltfließpressereien die wichtigsten und meistver-
arbeiteten Werkstoffe ermittelt. Es zeigte sich, daß mit nur
11 Werkstoffen bereits über 90 % des gesamten Werkstoffverbrauchs der befragten Firmen abgedeckt wird. In die Werkstoffdatei wurden deshalb nur diese 11 Werkstoffe aufgenommen. Für
jeden erfaßten Werkstoff sind die für die Verfahren der Kaltmassivumformung bedeutenden Werkstoffkennwerte abgespeichert
und werden bei Bedarf vom Programm abgerufen.

Für die Festlegung der Rohteilherstellung stehen die Verfahren Sägen und Entgraten und Scheren mit evtl. angeschlossenem
Setzvorgang zur Verfügung. Kriterien für die Entscheidung sind
die Rohteilabmessungen und die Art der nachfolgenden Umformver-

fahren.

Bei der Wärmebehandlung wird unterschieden zwischen Weichglühen im Anschluß an die Rohteilherstellung und Normalglühen
bzw. Rekristallisationsglühen als Zwischenbehandlung. Als
Oberflächenbehandlung wird Beizen, Phosphatieren und Schmieren
im Anschluß an die Wärmebehandlung und Schmieren als Zwischenbehandlung vorgeschlagen.

Für die Beschreibung der Werkstückgeometrie wurde das am Institut für Fertigungstechnik und spanende Werkzeugmaschinen
der Technischen Universität Hannover entwickelte Programm
DREBES übernommen. In diesem Programm wird das Werkstück in
einzelne Formelemente,wie z. B. Planfläche, Zylinder, Kegelstumpf usw. aufgeteilt und so stückweise beschrieben.

Die Berechnung der Arbeitsvorgangsfolge stellt das Kernstück des
Programmsystems dar. Da die Problematik bei der Festlegung der
Arbeitsvorgangsfolge in der Kaltmassivumformung sehr komplex
ist, mußten mit Rücksicht auf den Bearbeitungsaufwand und
die Programmgröße Einschränkungen bezüglich der zugelassenen
Umformverfahren und der berücksichtigten Verfahrensgrenzen
getroffen werden, die jedoch nur einen sehr geringfügigen
Einfluß auf die Allgemeingültigkeit des Programmsystems haben.

Die zugelassenen Umformverfahren wurden in einer Prioritäts-
liste nach wirtschaftlichen und technischen Gesichtspunkten
geordnet. Diese Liste wird angeführt von den Verfahrenskombinationen, da mit ihnen im allgemeinen zwei oder mehr Fertigteildurchmesser in einem Arbeitsgang gefertigt werden können und somit wirtschaftlich besonders interessant sind. Im
Anschluß an die Verfahrenskombinationen kommen dann die Einzelverfahren.

Für jeden Umformvorgang werden die wichtigsten Vorgangskenngrößen wie Umformgrad, Fließspannung, Kraft- und Arbeitsbedarf, Umformweg und Werkstücklänge berechnet.

Außerdem besteht die Möglichkeit der graphischen Ausgabe der
Zwischenformenfolge.

Den Schluß des Programmsystems bildet die Berechnung der Herstellkosten. Da es sich bei der Kaltmassivumformung um eine sehr kapitalintensive Technologie handelt, erfolgt die Kostenrechnung auf Basis der Maschinenstundensatzrechnung. Mit Hilfe dieses Programmteils können für die im vorherigen Teil berechnete Arbeitsvorgangsfolge, die Herstellkosten unter Einbeziehung der Maschinen- und Werkzeugkosten ermittelt werden.

Das Einsatzgebiet dieses Programmsystems ist hauptsächlich in der Angebotsbearbeitung und Arbeitsvorbereitung zu sehen. Da die Bearbeitungszeit bei der rechnerunterstützten Arbeitsplanerstellung nur ungefähr 1/3 der Bearbeitungszeit der manuellen Arbeitsplanerstellung beträgt, wie eine in dieser Untersuchung durchgeführte Wirtschaftlichkeitsbetrachtung gezeigt hat, ist das entwickelte Programmsystem geeignet, Engpässe in diesen Bereichen zu beseitigen. Wegen der Komplexität der Problematik in der Kaltmassivumformung kann mit einem Rechenprogramm kein technisch ausgereifter Arbeitsplan erstellt werden. Deshalb liegt der Schwerpunkt des Einsatzgebietes in der Angebotserstellung. Hier ist es vorrangig, in kürzester Zeit einen Überblick über die Zahl der Arbeitsgänge und den Maschinen- und Werkzeugbedarf und damit über die Höhe der Herstellkosten zu bekommen. Gerade hierfür liefert das neu entwickelte Programmsystem ausreichende Informationen.

9   Bildteil

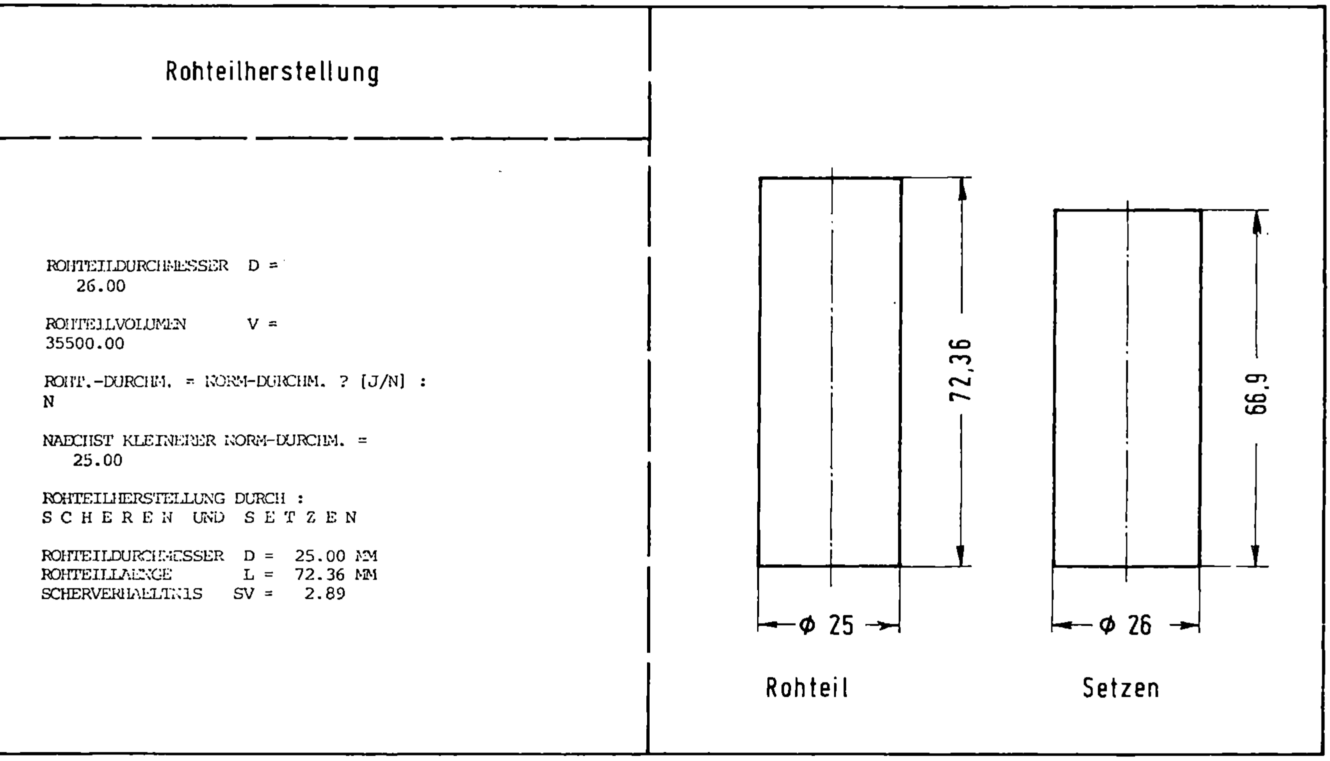

Bild B 1: Anwendungsbeispiel des Programmteils "Rohteilherstellung".

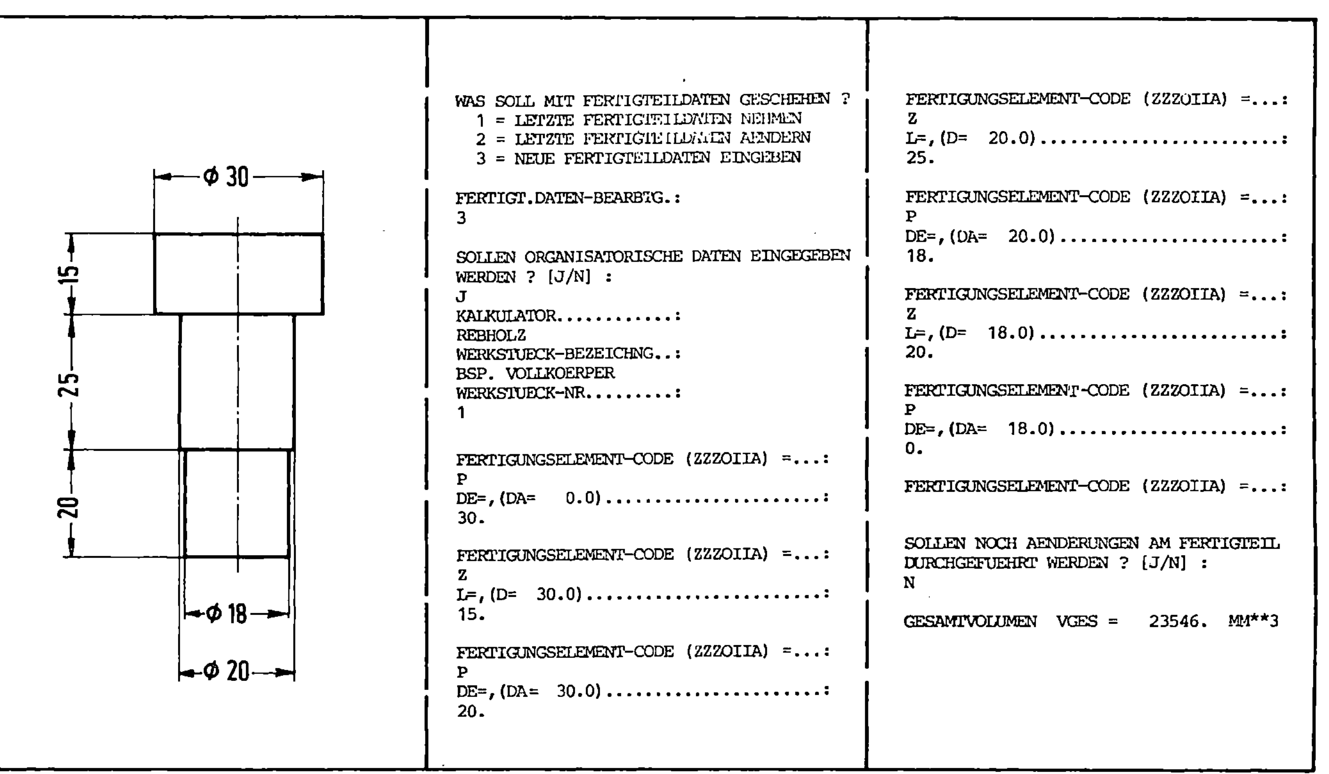

Bild B 2: Beispiel zur Werkstückbeschreibung – Vollkörper.

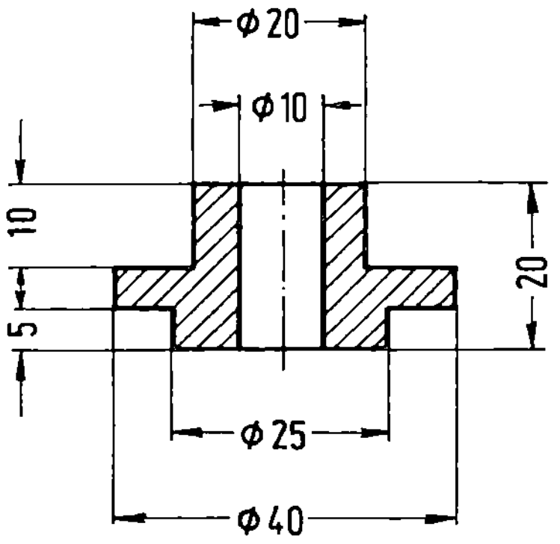

```
WAS SOLL MIT FERTIGTEILDATEN GESCHEHEN ?
   1 = LETZTE FERTIGTEILDATEN NEHMEN
   2 = LETZTE FERTIGTEILDATEN AENDERN
   3 = NEUE FERTIGTEILDATEN EINGEBEN

FERTIGT.DATEN-BEARBTG.:
3

SOLLEN ORGANISATORISCHE DATEN EINGEGEBEN
WERDEN ? [J/N] :
J
KALKULATOR...........:
REBHOLZ
WERKSTUECK-BEZEICHNG..:
BSP. HOHLKOERPER
WERKSTUECK-NR.........:
2

FERTIGUNGSELEMENT-CODE (ZZZOIIA) =...:
P
DE=,(DA=    0.0)...................:
20.

FERTIGUNGSELEMENT-CODE (ZZZOIIA) =...:
Z
L=,(D=   20.0)....................:
10.

FERTIGUNGSELEMENT-CODE (ZZZOIIA) =...:
P
DE=,(DA=   20.0)..................:
40.

FERTIGUNGSELEMENT-CODE (ZZZOIIA) =...:
Z
L=,(D=   40.0)....................:
5.

FERTIGUNGSELEMENT-CODE (ZZZOIIA) =...:
P
DE=,(DA=   40.0)..................:
25.

FERTIGUNGSELEMENT-CODE (ZZZOIIA) =...:
Z
L=,(D=   25.0)....................:
5.

FERTIGUNGSELEMENT-CODE (ZZZOIIA) =...:
P
DE=,(DA=   25.0)..................:
10.

FERTIGUNGSELEMENT-CODE (ZZZOIIA) =...:
ZI
L=,(D=   10.0)....................:
20.

FERTIGUNGSELEMENT-CODE (ZZZOIIA) =...:
P
DE=,(DA=   10.0)..................:
0.
```

Bild B 3: Beispiel zur Werkstückbeschreibung – Hohlkörper.

```
II  W E R K S T O F F A U S W A H L


WELCHER WERKSTOFF SOLL VERWENDET WERDEN ?

Q ST 32-3      1
CK 15,CQ 15    2
CK 35,CQ 35    3
CK 45,CQ 45    4
41 CR 4        5
20 MO CR 4     6
16 MN CR 5     7
15 CR 3        8

WERKSTOFFKENNZAHL =
1



III  W E R K S T O F F K E N N W E R T E


EPSILON A-MAX   VVFP                      75.0 %
PHI-MAX   VVFP                             1.4
EPSILON A-MAX   NRFP                      70.0 %
EPSILON A-MAX   ABSTRGZ                   40.0 %
PHI-MAX   ABSTRGZ                           .5
RP 0.2                                   230.0 N/MM**2
RM                                       340.0 N/MM**2
TEMP. WEICHGLUEHEN (MITTELWERTE)         670.0 GRAD C.
TEMP. NORMALGLUEHEN (MITTELWERTE)        870.0 GRAD C.
```

Bild B 4: Beispiel zur Werkstoffauswahl.

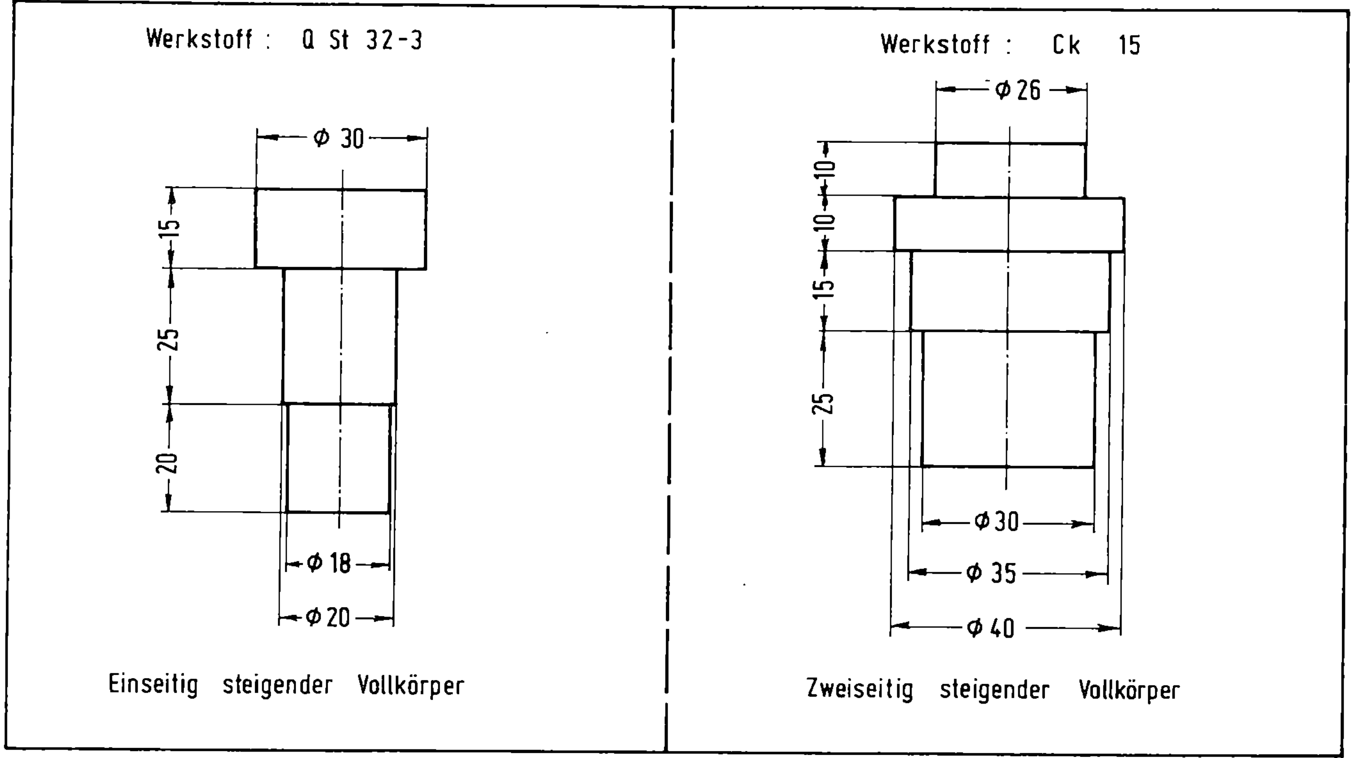

Bild B 5: Beispiele zum Programmsystem "Rechnerunterstützte Arbeitsplanerstellung" - Vollkörper.

```
                Arbeitsfolgen

                     für

   alle   Fertigteildurchmesser als mögliche

            Rohteildurchmesser


A R B E I T S F O L G E   F U E R  D =     30.00 M M
R O H T E I L D U R C H M E S S E R


V O L L - V O R W A E R T S - F L I E S S P R E S S E N
UND  V E R J U E N G E N

1. VVFP

UMFORMGRAD           PHI  =        .81
FLIESSPANNUNG        KF   =     692.96 N/MM**2
UMFORMKRAFT          F    =     795.94 KN
UMFORMARBEIT         W    =   14582.01 J
UMFORMWEG            S    =      18.32 MM
WERKSTUECKLAENGE     HGES =      56.22 MM

2. VERJUENGEN

UMFORMGRAD           PHI  =        .21
FLIESSPANNUNG        KF   =     737.22 N/MM**2
UMFORMKRAFT          F    =     114.91 KN
UMFORMARBEIT         W    =    1862.43 J
UMFORMWEG            S    =      16.21 MM
WERKSTUECKLAENGE     HGES =      60.01 MM
K A L I B R I E R E N
```

```
A R B E I T S F O L G E   F U E R  D =     20.00 M M
R O H T E I L D U R C H M E S S E R


V E R J U E N G E N  UND  S T A U C H E N

1. VERJUENGEN

UMFORMGRAD           PHI  =        .21
FLIESSPANNUNG        KF   =     488.89 N/MM**2
UMFORMKRAFT          F    =      56.42 KN
UMFORMARBEIT         W    =     914.42 J
UMFORMWEG            S    =      16.21 MM
WERKSTUECKLAENGE     HGES =      78.76 MM

2. STAUCHEN

UMFORMGRAD           PHI  =        .81
STAUCHVERHAELTNIS    STV  =       1.69
FLIESSPANNUNG        KF   =     693.00 N/MM**2
UMFORMKRAFT          F    =     352.16 KN
UMFORMARBEIT         W    =    4260.25 J
UMFORMWEG            S    =      18.76 MM
WERKSTUECKLAENGE     HGES =      60.00 MM


A R B E I T S F O L G E   F U E R  D =     18.00 M M
R O H T E I L D U R C H M E S S E R


V O R S T A U C H E N  UND  S T A U C H E N

UMFORMGRAD           PHI  =        .60
STAUCHVERHAELTNIS    STV  =       4.03
FLIESSPANNUNG        KF   =     637.86 N/MM**2
UMFORMKRAFT          F    =     330.74 KN
UMFORMARBEIT         W    =    4796.94 J
UMFORMWEG            S    =      32.54 MM
WERKSTUECKLAENGE     HGES =      60.00 MM
```

Bild B 6: Ergebnisausdruck des Programmteils "Berechnung der Arbeitsfolge" - einseitig steigender Vollkörper (Beispiel aus Bild B5).

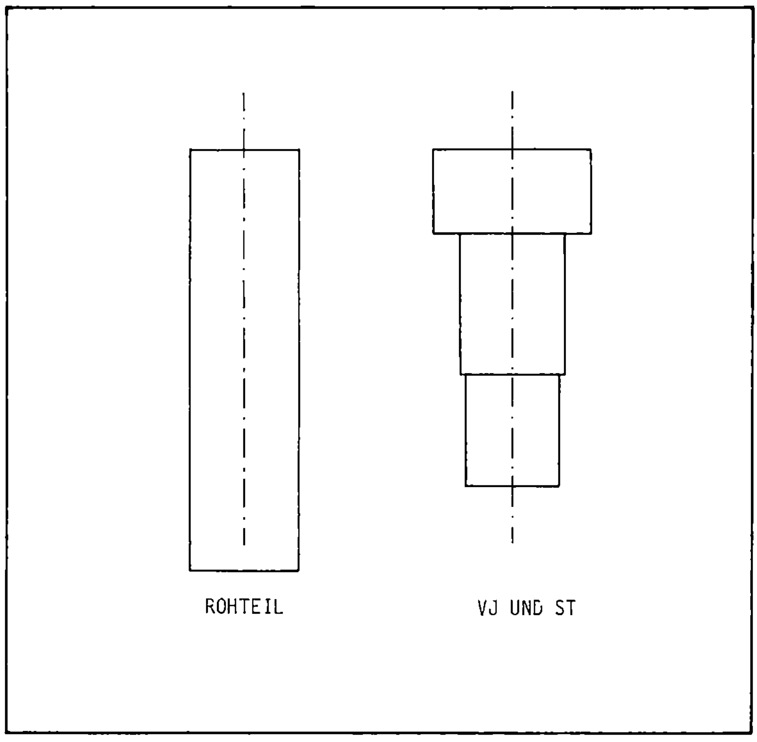

Bild B 7: Plotterbild der Zwischenformenfolge aus Bild B6
für 20 mm Rohteildurchmesser.

```
Arbeitsfolgen                          A R B E I T S F O L G E   F U E R   D =      40.00 M M
                                       R O H T E I L D U R C H M E S S E R
      für
                                       V V F P / V R F P  UND  V E R J U E N G E N
alle  Fertigteildurchmesser  als  mögliche
                                       1. VVFP
Rohteildurchmesser
                                       UMFORMGRAD        PHI   =        .27
                                       FLIESSPANNUNG     KF    =     527.35 N/MM**2
                                       UMFORMKRAFT       F     =     836.45 KN
                                       UMFORMARBEIT      W     =  21379.59 J
                                       UMFORMWEG         S     =      25.56 MM
                                       WERKSTUECKLAENGE  HGES  =      47.61 MM

                                       2. VERJUENGEN

A R B E I T S F O L G E  F U E R  D =   26.00 M M    UMFORMGRAD        PHI   =        .31
R O H T E I L D U R C H M E S S E R                 FLIESSPANNUNG     KF    =     622.76 N/MM**2
                                       UMFORMKRAFT       F     =     384.16 KN
                                       UMFORMARBEIT      W     =   7059.63 J
V O R S T A U C H E N  UND  S T A U C H E N          UMFORMWEG         S     =      18.38 MM
                                       WERKSTUECKLAENGE  HGES  =      54.24 MM
UMFORMGRAD         PHI  =        .52
STAUCHVERHAELTNIS  STV  =       3.24    3. VRFP
FLIESSPANNUNG      KF   =     609.41 N/MM**2
UMFORMKRAFT        F    =     654.30 KN  UMFORMGRAD        PHI   =        .86
UMFORMARBEIT       W    =  13445.58 J    FLIESSPANNUNG     KF    =     679.70 N/MM**2
UMFORMWEG          S    =      34.15 MM  UMFORMKRAFT       F     =    1328.27 KN
WERKSTUECKLAENGE   HGES =      60.00 MM  UMFORMARBEIT      W     =    5614.80 J
                                       UMFORMWEG         S     =       4.23 MM
                                       WERKSTUECKLAENGE  HGES  =      60.00 MM


                                       K A L I B R I E R E N
```

Bild B 8: Ergebnisausdruck des Programmteils "Berechnung der Arbeitsfolge" - zweiseitig steigender Vollkörper (Beispiel aus Bild B5).

```
ARBEITSFOLGE FUER D =    35.00 MM
ROHTEILDURCHMESSER


VOLL-VORWAERTS-FLIESSPRESSEN

UMFORMGRAD          PHI =      .59
FLIESSPANNUNG       KF  =  627.20 N/MM**2
UMFORMKRAFT         F   =  999.55 KN
UMFORMARBEIT        W   = 5518.67 J
UMFORMWEG           S   =    5.52 MM
WERKSTUECKLAENGE    HGES =   56.43 MM


VERJUENGEN UND STAUCHEN

1. VERJUENGEN

UMFORMGRAD          PHI =      .31
FLIESSPANNUNG       KF  =  547.79 N/MM**2
UMFORMKRAFT         F   =  269.42 KN
UMFORMARBEIT        W   = 4951.14 J
UMFORMWEG           S   =   18.38 MM
WERKSTUECKLAENGE    HGES =   63.06 MM

2. STAUCHEN

UMFORMGRAD          PHI  =      .27
STAUCHVERHAELTNIS   STV  =      .37
FLIESSPANNUNG       KF   =  527.43 N/MM**2
UMFORMKRAFT         F    =  592.52 KN
UMFORMARBEIT        W    = 1724.63 J
UMFORMWEG           S    =    3.06 MM
WERKSTUECKLAENGE    HGES =   60.00 MM
```

```
ARBEITSFOLGE FUER D =    30.00 MM
ROHTEILDURCHMESSER


VERJUENGEN UND STAUCHEN

1. VERJUENGEN

UMFORMGRAD          PHI =      .29
FLIESSPANNUNG       KF  =  539.32 N/MM**2
UMFORMKRAFT         F   =  184.18 KN
UMFORMARBEIT        W   = 1384.12 J
UMFORMWEG           S   =    7.51 MM
WERKSTUECKLAENGE    HGES =   73.19 MM

2. STAUCHEN

UMFORMGRAD          PHI  =      .42
STAUCHVERHAELTNIS   STV  =     1.27
FLIESSPANNUNG       KF   =  582.91 N/MM**2
UMFORMKRAFT         F    =  634.32 KN
UMFORMARBEIT        W    = 6327.42 J
UMFORMWEG           S    =   13.20 MM
WERKSTUECKLAENGE    HGES =   60.00 MM
```

Bild B 3: Fortsetzung.

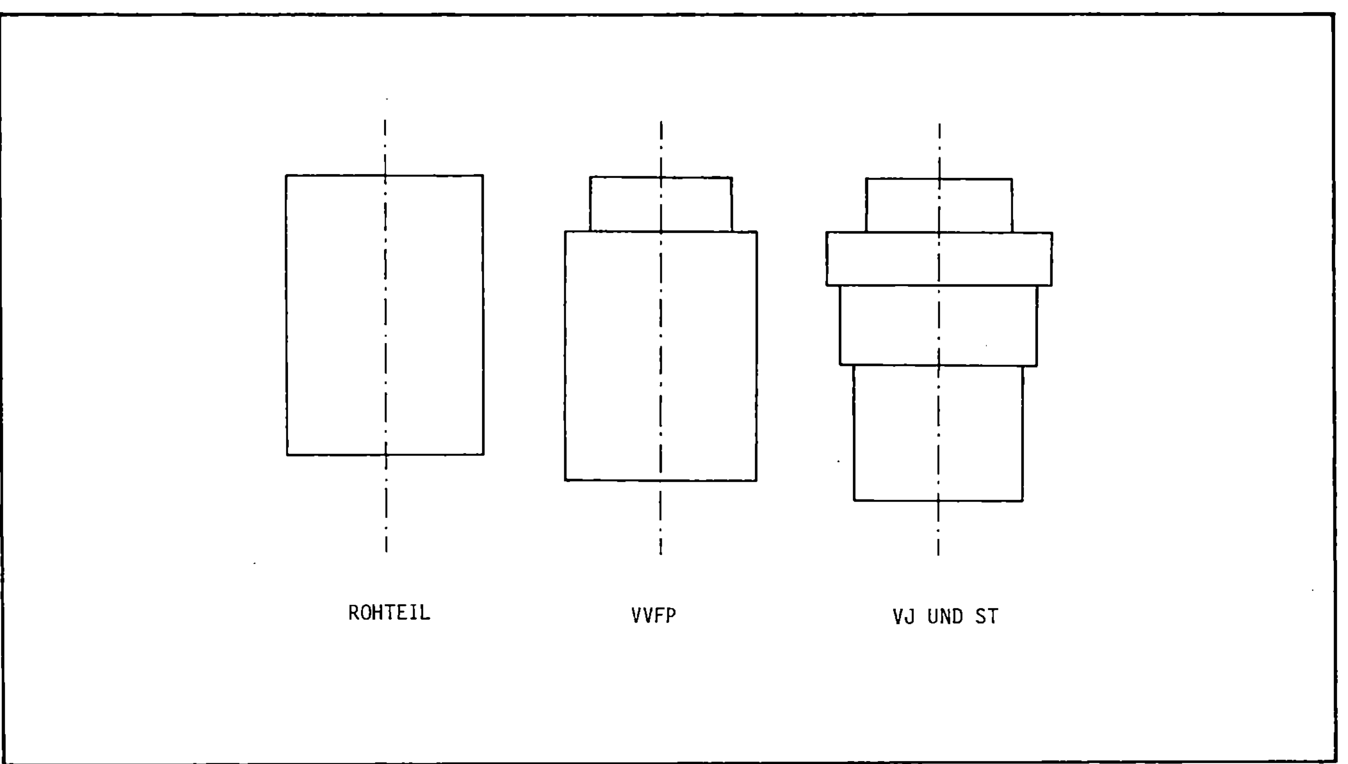

Bild B 9: Plotterbild der Zwischenformenfolge aus Bild B8 für 35 mm Rohteildurchmesser.

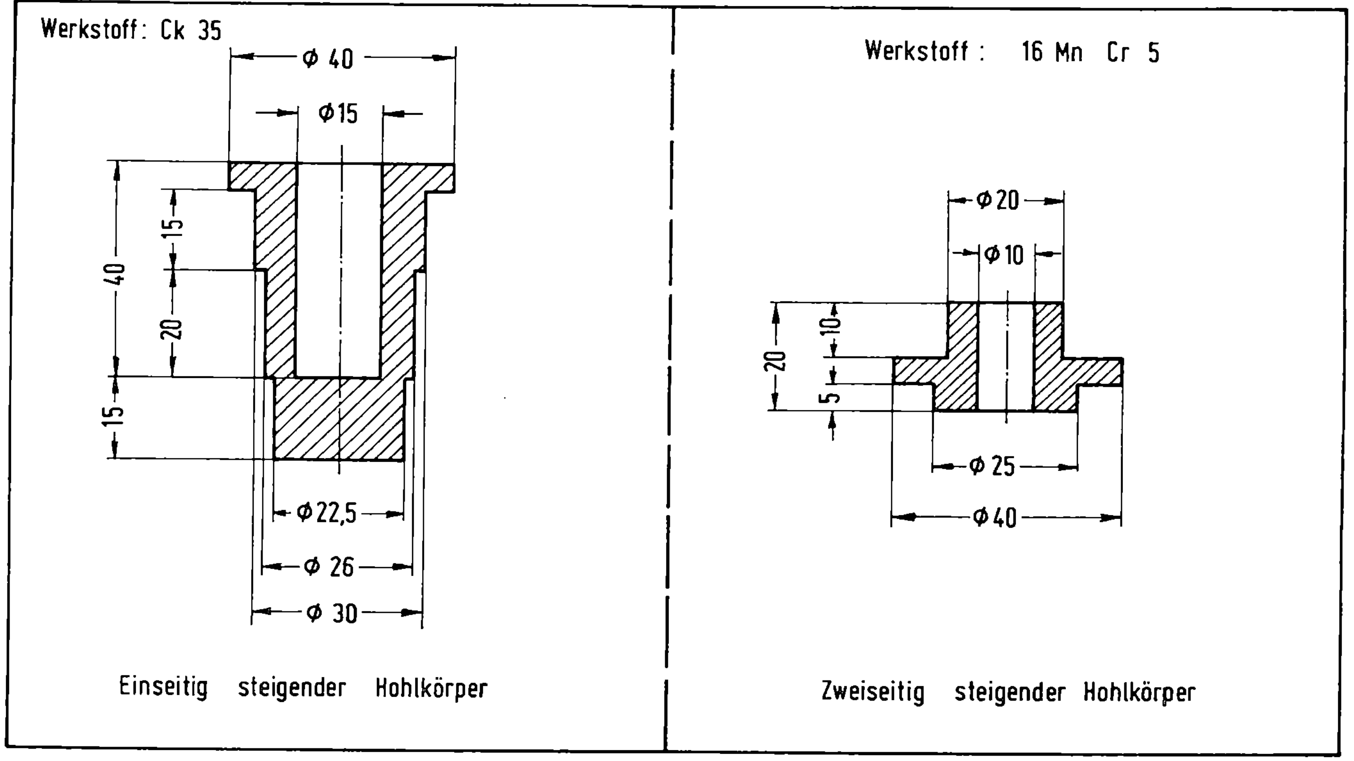

Bild B 10: Beispiele zum Programmsystem "Rechnerunterstützte Arbeitsplanerstellung" - Hohlkörper.

```
                 Arbeitsfolgen               HOHL-VORWAERTS-FLIESSPRESSEN

                      für                     UMFORMGRAD          PHI =      .71
                                              EPSILON - A         EA  =    50.91 %
  alle   Fertigteildurchmesser als   mögliche FLIESSPANNUNG       KF  =  1018.03 N/MM**2
                                              UMFORMKRAFT         F   =  1288.84 KN
              Rohteildurchmesser              UMFORMARBEIT        W   = 24074.46 J
                                              UMFORMWEG           S   =    18.68 MM
                                              WERKSTUECKLAENGE    HGES =   41.81 MM


                                              WAERME-UND OBERFLAECHEN-
                                              BEHANDLUNG


  ARBEITSFOLGE FUER D =      40.00 MM         ABSTRECKGLEITZIEHEN
  ROHTEILDURCHMESSER
                                              UMFORMGRAD          PHI =      .40
                                              EPSILON - A         EA  =    33.19 %
  NAPF-RUECKWAERTS-FLIESSPRESSEN              FLIESSPANNUNG       KF  =   906.91 N/MM**2
                                              UMFORMKRAFT         F   =   170.73 KN
  EPSILON - A          EA  =    14.06 %       UMFORMWEG           S   =    21.81 MM
  BODENHOEHE           B   =     4.75 MM       WERKSTUECKLAENGE    HGES =   51.24 MM
  UMFORMGRAD           PHI1 =    1.49
  UMFORMGRAD           PHI2 =    1.71
  FLIESSPANNUNG        KF1 =  1182.80 N/MM**2 ABSTRECKGLEITZIEHEN
  FLIESSPANNUNG        KF2 =  1216.92 N/MM**2
  UMFORMKRAFT          F   =   483.39 KN       UMFORMGRAD          PHI =      .47
  UMFORMARBEIT         W   =  7856.08 J        EPSILON -A          EA  =    37.64 %
  UMFORMWEG            S   =    16.27 MM       FLIESSPANNUNG       KF  =  1061.91 N/MM**2
  WERKSTUECKLAENGE     HGES =   23.68 MM       UMFORMKRAFT         F   =   180.71 KN
                                              UMFORMWEG           S   =    11.24 MM
                                              WERKSTUECKLAENGE    HGES =   55.00 MM
  WAERME-UND OBERFLÄCHEN-
  BEHANDLUNG                                  KALIBRIEREN
```

Bild B 11: Ergebnisausdruck des Programmteils "Berechnung der Arbeitsfolge" - einseitig steigender Hohlkörper (Beispiel aus Bild B10).

ARBEITSFOLGE FUER D = 30.00 M M
ROHTEILDURCHMESSER

NAPF - RUECKWAERTS - FLIESSPRESSEN

EPSILON - A	EA	=	25.00 %
BODENHOEHE	B	=	8.44 MM
UMFORMGRAD	PHI1	=	1.49
UMFORMGRAD	PHI2	=	1.86
FLIESSPANNUNG	KF1	=	1182.84 N/MM**2
FLIESSPANNUNG	KF2	=	1237.71 N/MM**2
UMFORMKRAFT	F	=	526.06 KN
UMFORMARBEIT	W	=	15216.81 J
UMFORMWEG	S	=	28.93 MM
WERKSTUECKLAENGE	HGES	=	47.01 MM

WAERME - UND OBERFLAECHEN -
BEHANDLUNG

ABSTRECKGLEITZIEHEN

UMFORMGRAD	PHI	=	.40
EPSILON -A	EA	=	33.19 %
FLIESSPANNUNG	KF	=	906.91 N/MM**2
UMFORMKRAFT	F	=	170.73 KN
UMFORMWEG	S	=	21.81 MM
WERKSTUECKLAENGE	HGES	=	56.43 MM

ABSTRECKGLEITZIEHEN

UMFORMGRAD	PHI	=	.47
EPSILON - A	EA	=	37.64 %
FLIESSPANNUNG	KF	=	1061.91 N/MM**2
UMFORMKRAFT	F	=	180.71 KN
UMFORMWEG	S	=	11.24 MM
WERKSTUECKLAENGE	HGES	=	60.19 MM

STAUCHEN

UMFORMGRAD	PHI	=	.71
STAUCHVERHAELTNIS	STV	=	1.45
FLIESSPANNUNG	KF	=	1018.21 N/MM**2
UMFORMKRAFT	F	=	1271.03 KN
UMFORMARBEIT	W	=	3325.14 J
UMFORMWEG	S	=	5.19 MM
WERKSTUECKLAENGE	HGES	=	55.00 MM

ARBEITSFOLGE FUER D = 26.00 M M
ROHTEILDURCHMESSER

NAPF - RUECKWAERTS - FLIESSPRESSEN

EPSILON -A	EA	=	33.28 %
BODENHOEHE	B	=	11.24 MM
UMFORMGRAD	PHI1	=	1.49
UMFORMGRAD	PHI2	=	1.99
FLIESSPANNUNG	KF1	=	1182.82 N/MM**2
FLIESSPANNUNG	KF2	=	1255.63 N/MM**2
UMFORMKRAFT	F	=	591.89 KN
UMFORMARBEIT	W	=	22794.24 J
UMFORMWEG	S	=	38.51 MM
WERKSTUECKLAENGE	HGES	=	68.96 MM

WAERME - UND OBERFLAECHEN -
BEHANDLUNG

Bild B 11: Fortsetzung.

ABSTRECKGLEITZIEHEN

```
UMFORMGRAD          PHI  =      .47
EPSILON - A         EA   =    37.64 %
FLIESSPANNUNG       KF   =   936.63 N/MM**2
UMFORMKRAFT         F    =   125.20 KN
UMFORMWEG           S    =    11.24 MM
WERKSTUECKLAENGE    HGES =    72.71 MM
```

VORSTAUCHEN UND STAUCHEN

```
UMFORMGRAD          PHI  =      .63
STAUCHVERHAELTNIS   STV  =     6.64
FLIESSPANNUNG       KF   =   994.52 N/MM**2
UMFORMKRAFT         F    =   539.99 KN
UMFORMARBEIT        W    =  5903.55 J
UMFORMWEG           S    =    17.71 MM
WERKSTUECKLAENGE    HGES =    55.00 MM
```

ARBEITSFOLGE FUER D =   22.50 M M
ROHTEILDURCHMESSER

VORSTAUCHEN UND STAUCHEN

```
UMFORMGRAD          PHI  =      .29
STAUCHVERHAELTNIS   STV  =     2.95
FLIESSPANNUNG       KF   =   847.63 N/MM**2
UMFORMKRAFT         F    =   347.17 KN
UMFORMARBEIT        W    =  4218.46 J
UMFORMWEG           S    =    16.68 MM
WERKSTUECKLAENGE    HGES =    49.75 MM
```

WAERME - UND OBERFLAECHEN -
BEHANDLUNG

NAPF - RUECKWAERTS - FLIESSPRESSEN

```
EPSILON - A         EA   =    33.28 %
BODENHOEHE          B    =    11.24 MM
UMFORMGRAD          PHI1 =     1.49
UMFORMGRAD          PHI2 =     1.99
FLIESSPANNUNG       KF1  =  1182.83 N/MM**2
FLIESSPANNUNG       KF2  =  1252.61 N/MM**2
UMFORMKRAFT         F    =   591.89 KN
UMFORMARBEIT        W    = 22794.24 J
UMFORMWEG           S    =    38.51 MM
WERKSTUECKLAENGE    HGES =    68.96 MM
```

WAERME - UND OBERFLAECHEN -
BEHANDLUNG

VORSTAUCHEN UND STAUCHEN

```
UMFORMGRAD          PHI  =      .63
STAUCHVERHAELTNIS   STV  =     6.64
FLIESSPANNUNG       KF   =   994.52 N/MM**2
UMFORMKRAFT         F    =   539.99 KN
UMFORMARBEIT        W    =  5903.55 J
UMFORMWEG           S    =    17.71 MM
WERKSTUECKLAENGE    HGES =    55.00 MM
```

Bild B 11: Fortsetzung.

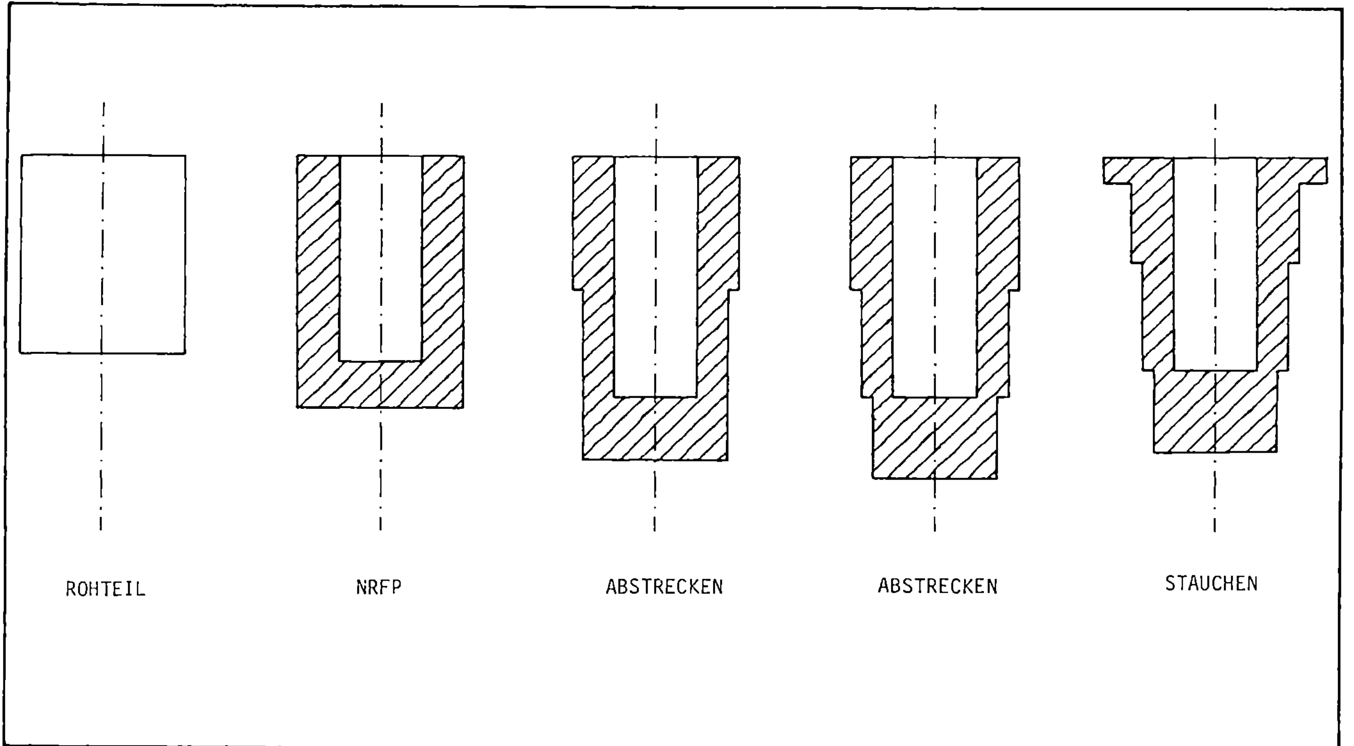

Bild B 12: Plotterbild der Zwischenformenfolge aus Bild B11 für 30 mm Rohteildurchmesser.

Arbeitsfolgen

für

alle Fertigteildurchmesser als mögliche

Rohteildurchmesser

A R B E I T S F O L G E   F U E R   D =   20.00 M M
R O H T E I L D U R C H M E S S E R

S T A U C H E N

```
UMFORMGRAD           PHI  =        .45
STAUCHVERHAELTNIS    STV  =       1.70
FLIESSPANNUNG        KF   =     815.33 N/MM**2
UMFORMKRAFT          F    =     322.45 KN
UMFORMARBEIT         W    =    3238.97 J
UMFORMWEG            S    =      12.27 MM
WERKSTUECKLAENGE     HGES =      21.81 MM
```

N A P F - R U E C K W A E R T S - F L I E S S P R E S S E N

```
EPSILON - A          EA   =      16.00 %
BODENHOEHE           B    =       5.00 MM
UMFORMGRAD           PHI1 =       1.47
UMFORMGRAD           PHI2 =       1.72
FLIESSPANNUNG        KF1  =     998.53 N/MM**2
FLIESSPANNUNG        KF2  =    1025.02 N/MM**2
UMFORMKRAFT          F    =     184.12 KN
UMFORMARBEIT         W    =    3095.17 J
UMFORMWEG            S    =      16.81 MM
WERKSTUECKLAENGE     HGES =      25.01 MM
```

W A E R M E - UND O B E R F L A E C H E N -
B E H A N D L U N G

L O C H E N

```
LOCHKRAFT            F    =      62.80 KN
```

H O H L - V O R W A E R T S - F L I E S S P R E S S E N

```
UMFORMGRAD           PHI  =        .56
EPSILON - A          EA   =      42.86 %
FLIESSPANNUNG        KF   =     847.26 N/MM**2
UMFORMKRAFT          F    =     378.17 KN
UMFORMARBEIT         W    =    2162.07 J
UMFORMWEG            S    =       5.72 MM
WERKSTUECKLAENGE     HGES =      29.29 MM
```

Bild B 13: Ergebnisausdruck des Programmteils "Berechnung der Arbeitsfolge" - zweiseitig steigender Hohlkörper (Beispiel àus Bild B10).

STAUCHEN

```
UMFORMGRAD          PHI  =       1.05
STAUCHVERHAELTNIS   STV  =       1.99
FLIESSPANNUNG       KF   =     942.83 N/MM**2
UMFORMKRAFT         F    =    1129.80 KN
UMFORMARBEIT        W    =    6065.77 J
UMFORMWEG           S    =       9.29 MM
WERKSTUECKLAENGE    HGES =      20.00 MM
```

ARBEITSFOLGE FUER D = 40.00 M M
ROHTEILDURCHMESSER

ES WIRD KEIN ARBEITSPLAN BERECHNET,
DA DIE ERFORDERLICHE ZWISCHENFORMEN-
FOLGE WIRTSCHAFTLICH NICHT VERTRET-
BAR IST.

ARBEITSFOLGE FUER D = 25.00 M M
ROHTEILDURCHMESSER

NAPF-RUECKWAERTS-FLIESSPRESSEN

```
EPSILON - A         EA   =      16.00 %
BODENHOEHE          B    =       5.00 MM
UMFORMGRAD          PHI1 =       1.47
UMFORMGRAD          PHI2 =       1.72
FLIESSPANNUNG       KF1  =     998.53 N/MM**2
FLIESSPANNUNG       KF2  =    1025.02 N/MM**2
UMFORMKRAFT         F    =     184.12 KN
UMFORMARBEIT        W    =    3095.17 J
UMFORMWEG           S    =      16.81 MM
WERKSTUECKLAENGE    HGES =      25.01 MM
```

WAERME-UND OBERFLAECHEN-BEHANDLUNG

LOCHEN

```
LOCHKRAFT           F    =      62.80 KN
```

HOHL-VORWAERTS-FLIESSPRESSEN

```
UMFORMGRAD          PHI  =        .56
EPSILON - A         EA   =      42.86 %
FLIESSPANNUNG       KF   =     847.26 N/MM**2
UMFORMKRAFT         F    =     378.17 KN
UMFORMARBEIT        W    =    2162.07 J
UMFORMWEG           S    =       5.72 MM
WERKSTUECKLAENGE    HGES =      29.29 MM
```

STAUCHEN

```
UMFORMGRAD          PHI  =       1.05
STAUCHVERHAELTNIS   STV  =       1.99
FLIESSPANNUNG       KF   =     942.83 N/MM**2
UMFORMKRAFT         F    =    1129.80 KN
UMFORMARBEIT        W    =    6065.77 J
UMFORMWEG           S    =       9.29 MM
WERKSTUECKLAENGE    HGES =      20.00 MM
```

Bild B 13: Fortsetzung.

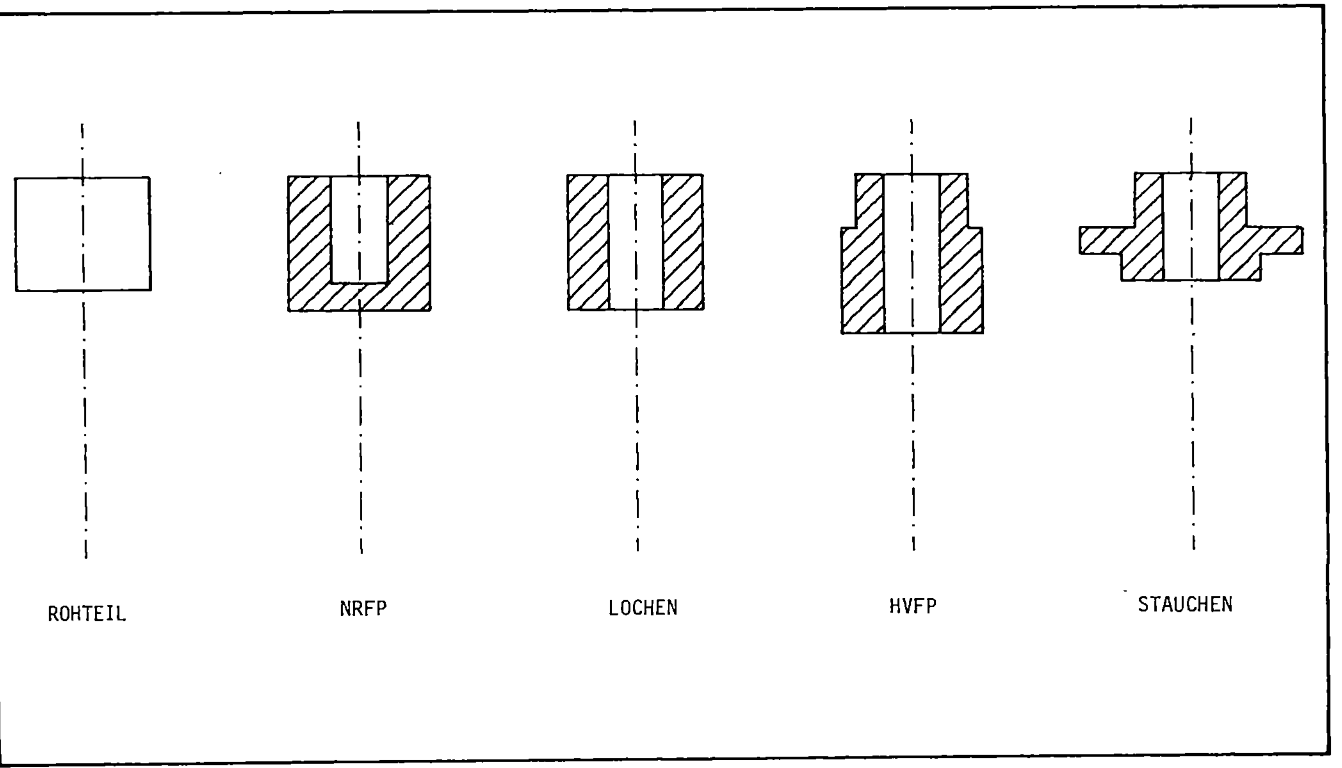

Bild B 14: Plotterbild der Zwischenformenfolge aus Bild B13 für 25 mm Rohteildurchmesser.

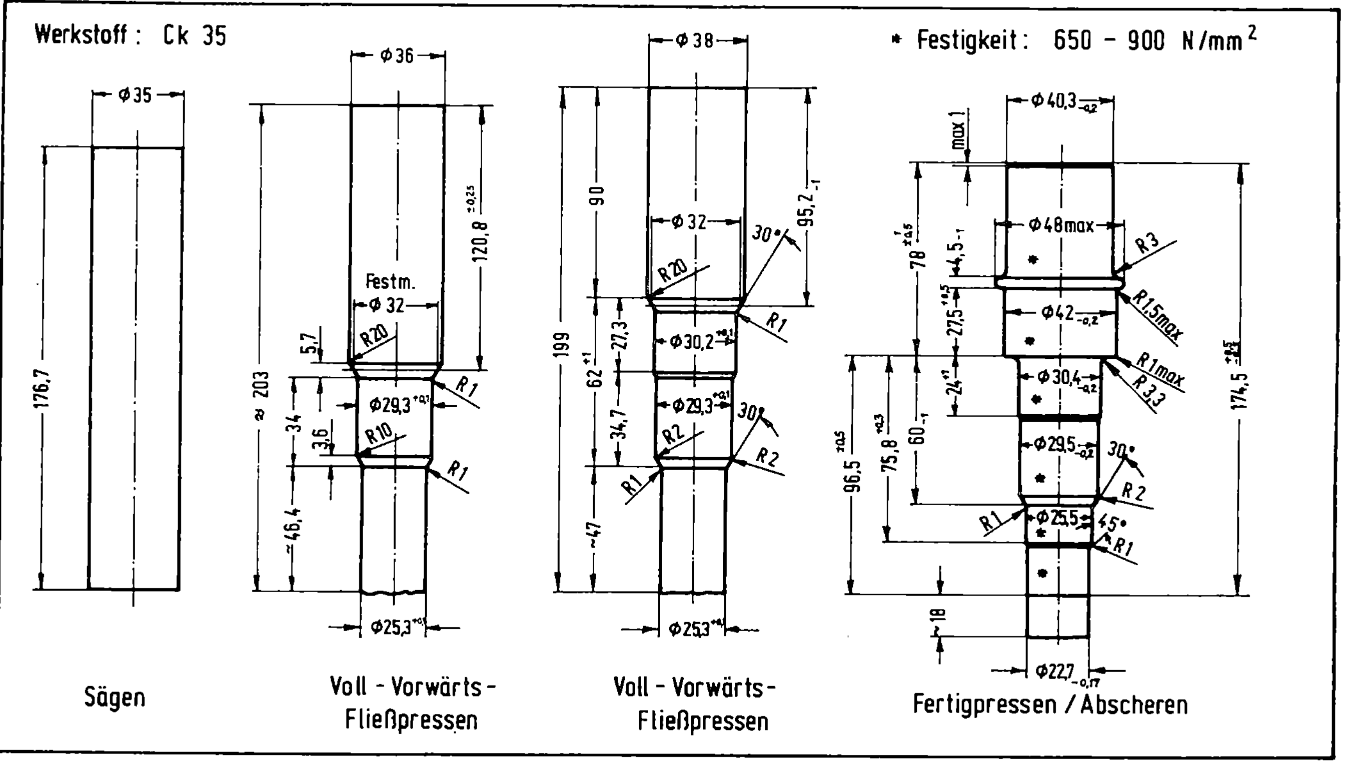

Bild B 15: Beispiel 1 zur Wirtschaftlichkeitsuntersuchung des Programmsystems "Rechnerunterstützte Arbeitsplanerstellung in der Kaltmassivumformung".

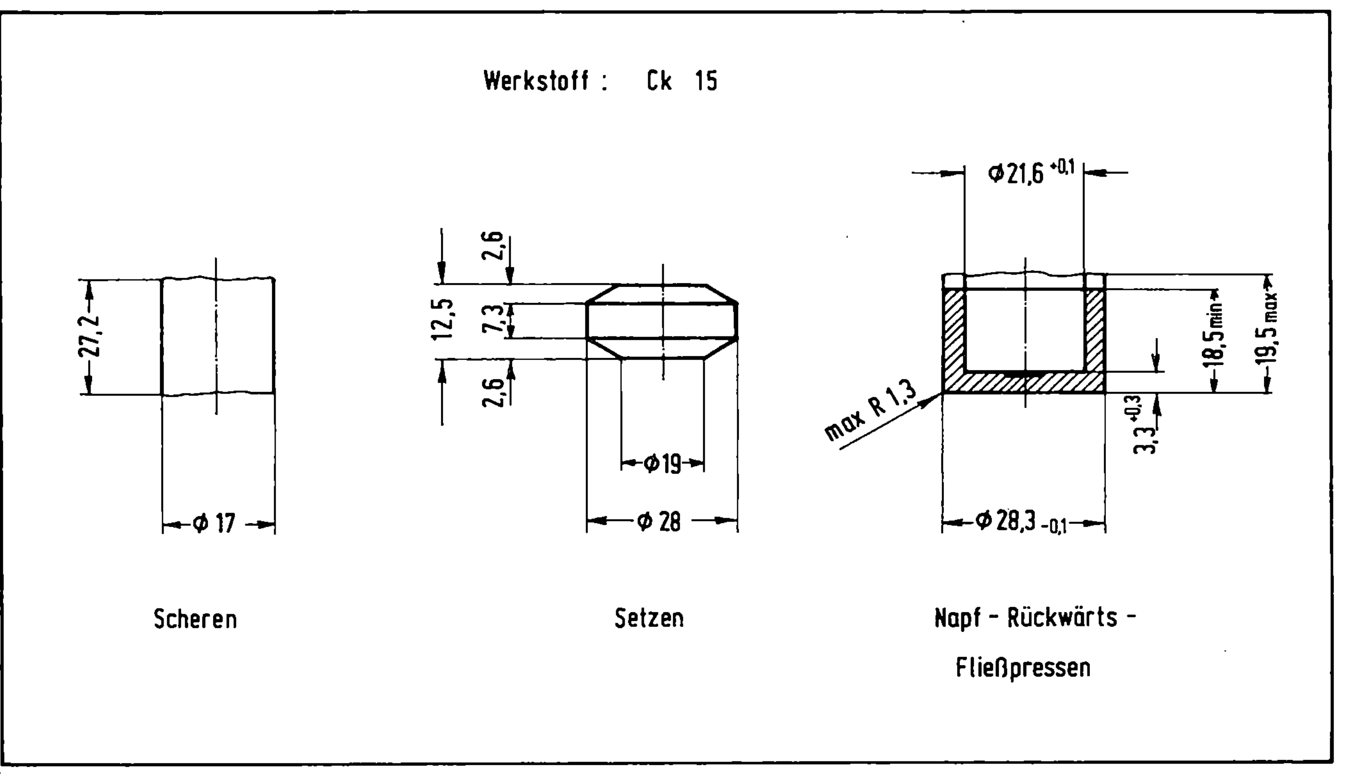

Bild B 16: Beispiel 2 zur Wirtschaftlichkeitsuntersuchung des Programmsystems "Rechnerunterstützte Arbeitsplanerstellung in der Kaltmassivumformung".

Vorgang	Beispiel 1	Beispiel 2
Eingabe der Geometrie und des Werkstoffs :	10 '	3 '
Berechnung und Ausdrucken der Arbeitsfolgen für alle Fertigteildurchmesser als mögliche Rohteildurch- messer :	20 '	2 '
Beurteilung der Arbeits- pläne :	30 '	5 '
Variation des Rohteil- durchmessers :	30 '	5 '
Abschliessende Beurteilung des Arbeitsplans :	15 '	5 '
Erstellungszeit :	105 ' $\hat{=}$ 1,75 h	20 ' $\hat{=}$ 0,33 h
Rechenzeit :	25 sec.	20 sec.

Bild B 17: Übersicht über den Zeitaufwand bei der rechnerunterstützten Arbeitsplanerstellung, dargestellt an den
Beispielen aus Bild B15 und Bild B16.

	Rechnerunterstützte Arbeitsplanerstellung		Manuelle Arbeitsplanerstellung	
	Beispiel 1	Beispiel 2	Beispiel 1	Beispiel 2
Erstellungszeit	1,75 h	0,33 h	6 h	2 h
Rechenzeit	25 sec	20 sec	—	—
Erstellungskosten [1]	87,50 DM	16,67 DM	300,- DM	100,- DM
Rechenkosten [2]	25,- DM	20,- DM	—	—
Gesamtkosten	112,50 DM	36,67 DM	300,- DM	100,- DM

[1] Angenommene Gesamtkosten des Arbeitsplaners :   50,- DM / h
[2] Angenommene Rechenkosten :   1,- DM / Systemsekunde

Bild B 18: Wirtschaftlichkeitsvergleich zwischen manueller und rechnerunterstützter Arbeitsplanerstellung, basierend auf den Beispielen aus Bild B15 und Bild B16.

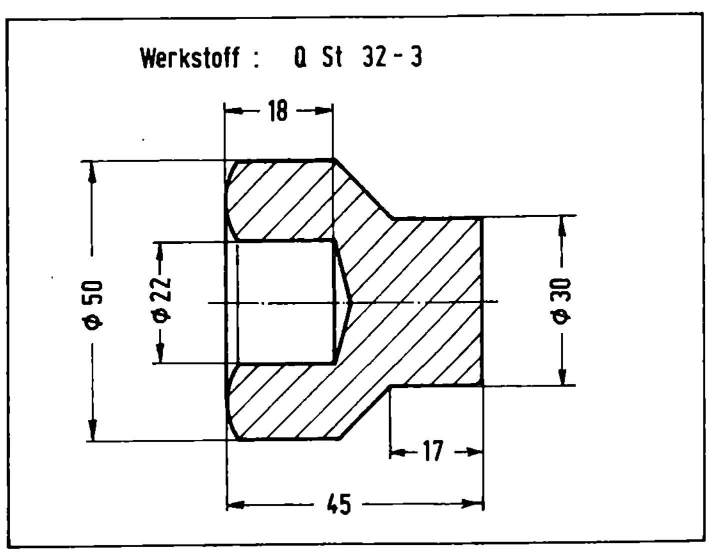

Bild B 19: Beispiel zur Berechnung der Herstellkosten.

```
EINGABEDATEN MKOST:
      R         L        ZSA       SZD        SAW       EVRSG      EKIX       BEK       RSGRK      HEEV       HERK       MGKS
      MM        MM        MM     KG/DM**3   RE/100ST    MJ/KG       -        RE/MJ      RE/KG      MJ/KG      RE/KG     PROZENT
   25.000    26.475     3.000     7.850      0.000     36.000     1.000      .005       .470       1.000      .335      4.000

ERGEBNISSE MKOST:
      MV        MK
   KG/100ST  RE/100ST
   45.437    46.782

EINGABE WK:
      WK
   RE/100ST
   27.400

EINGABEDATEN MSSATZ:
ASW =  525000.  RE
      KIX       ASZ       KZS       BLF       BZRK       MNG        MBZ
       -         A      PROZENT    M**2    RE/M**2/A  PROZENT      H/A
    1.000    10.000     7.000    15.000     120.000    80.000   4000.000
```

Bild B 20: Ergebnisausdruck des Programmteils "Berechnung der Herstellkosten" für das Beispiel aus Bild B19.

ISHKS	EAL	DBF	BSK	SKIX	KHB	ML
PROZENT/A	KW	PROZENT	RE/KWH	-	RE/H	ST/H
5.000	30.000	40.000	.150	1.000	.125	1800.000

EINGABEDATEN LKOST:

LKB	LKIX	SZB	LKE	SZE	GKS
RE/H	-	-	RE/H	-	PROZENT
20.000	1.000	2.000	25.000	10.000	20.000

EINGABEDATEN WZKUA:

FWZK	VWZK	EWK	RK	ATG	ZFL
RE/100ST	RE/100ST	RE	RE	ST	-
1.	5.	3000.	400.	400000.	1.

ZWISCHENERGEBNISSE:

MSSK	LK	WZKUA	HKO
RE/100ST	RE/100ST	RE/100ST	RE/100ST
1.824	.833	6.850	9.508

ERGEBNIS:

HK
RE/100ST
83.690

Bild B 20: Fortsetzung.

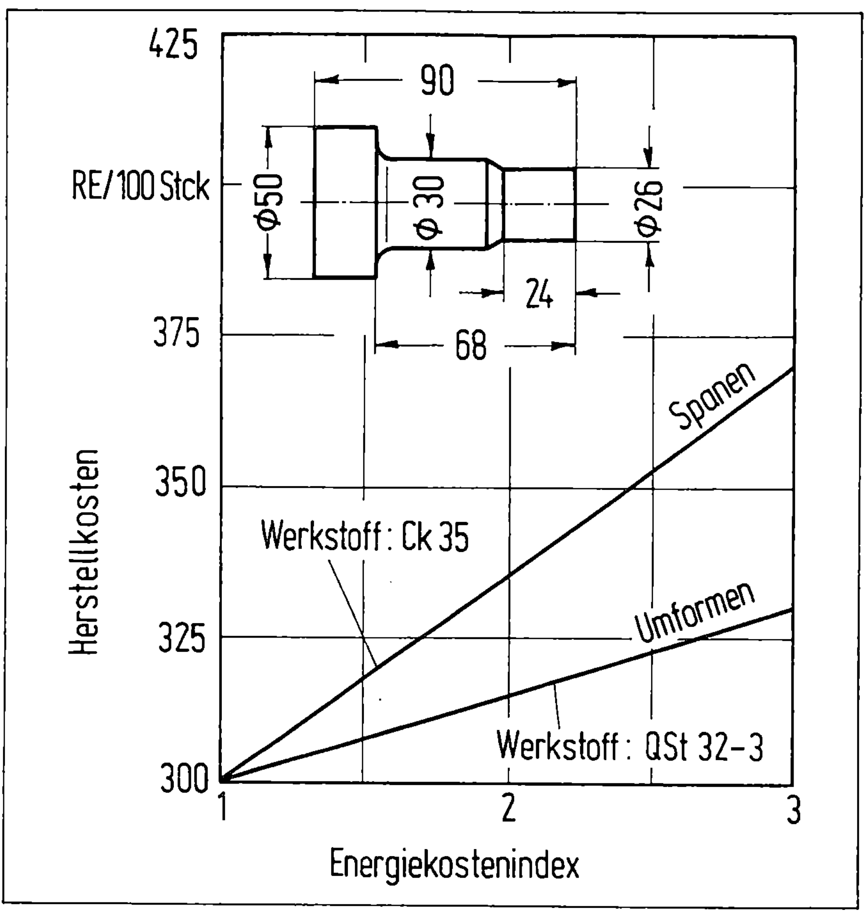

Bild B 21: Relative Herstellkostensteigerung bei Energie-
kostenerhöhung bei spanender und umformender
Fertigung.

Schrifttumsverzeichnis

[1]   Brankamp, K.: Ein Terminplanungssystem für Unternehmen
        der Einzel- und Serienfertigung. Physika-Verlag, Würz-
        burg-Wien, 1969.

[2]   Kambartel, K.-H.: Systematische Angebotsplanung in Un-
        ternehmen der Auftragsfertigung. Dr.-Ing.-Diss. TH
        Aachen 1973.

[3]   Flygare, R. M.: Distributes CAD/CAM with Database
        Management Common to both Engineering and Manufacturing.
        Technical Paper MS 76-738. Society of Manufacturing
        Engineers, Michigan 1976.

[4]   v. Falkenhausen, F.: Automatische Zeichnungserstellung
        von Einzelteilen mit dem System DETAIL. IWF-Report
        Nr. 7, S. 49 - 76, Hrsg. IWF e. V., Berlin 1977.

[5]   Blume, P., Burmester, J.: Integriertes CAD/CAM-System
        für Stanzteile. ZwF 72 (1977) 5, S. 219 - 224.

[6]   Fritsche, B., Harenbrock, D., Stracke, H.: PROREN 1,
        Eine Software für die Zeichnungserstellung von Varianten-
        konstruktionen des Maschinenbaus. Institut für Konstruk-
        tionstechnik der Ruhr-Universität Bochum 1975.

[7]   Braid, I. C.: Designing with volumes. Dissertation,
        Universität Cambridge, England 1973.

[8]   Braid, I. C.: New Directions in geometric modelling.
        Proceedings of Geometric Modelling Project Meeting,
        St. Louis /USA, März 1978, Computer-Aided Manufacturing
        International - Inc.

[9]   Spur, G., Müller, G.: Ein Verfahren zur rechnerorien-
        tierten Darstellung gekrümmter Flächen mit dem Programm-
        system COMPAC. ZwF 73 (1978) 2, S. 79 - 84.

[10]   Debler, H., Lewandowski, S.: COMVAR - Ein Programm-
        system zur komplexteilgebundenen Zeichnungserstellung.
        ZwF 70 (1975) 4, S. 171 - 173.

[11]   Engeli, M., Hrdliczka, V.: EUKLID - Eine Einführung.
       FIDES Rechenzentrum, 1. Auflage Februar 1973, FIDES-
       Treuhand-Vereinigung, CH-Zürich.

[12]   Brun, J.M.: Euclid and its application at computer aided
       design in machinery topic. Laboratory of Computer Sci.
       and Mech. Sci. and Eng. Sci.BP 30,91404 ORSAY, FRANCE.

[13]   Prospekt der Firma Messerschmidt-Bölkow-Blohm GmbH,
       Datenverarbeitung und Organisation.

[14]   Hosaka, M., Kimura, F.: An Interactive Geometrical
       Design System with Handwriting Input. Proceedings of
       Geometric Modelling Project Meeting. St. Louis, Missouri,
       März 1978, Computer-Aided Manufacturing International-
       Inc.

[15]   Schuster, R.: System und Sprache zur Behandlung graphi-
       scher Informationen im rechnergestützten Entwurf. Kern-
       forschungszentrum Karlsruhe, Dr.-Ing.-Diss. der
       Universität Karlsruhe, August 1976.

[16]   Eastman, C.: General Purpose Building Description
       Systems. Computer-Aided Design, Januar 1976, S. 17 - 26.

[17]   Wenz, H.: Space-Plot Programm zur mengen-theoretisch-
       geometrischen Konstruktion. Forschungshefte Forschungs-
       kuratorium Maschinenbau e. V., Heft 49 (1976).

[18]   Enders, H.-H., Otto, D.: Rechnerinternes Werkstückmodell
       und Beispiele aus dem praktischen Einsatz eines 2D/3D-
       Geometriesystems. ZwF 72 (1977) 5, S. 225 - 231.

[19]   Peirce, H. B., Voelcker, H. B.: Public-Dissemination of
       the Padl-1.O/n Processor (Padl Administrative Document).
       Juli 1977, College of Engineering and Applied Science,
       University of Rochester.

[20]   Dialog-Modul für Blechteile-Beschreibung. Kernforschungs-
       zentrum Karlsruhe GmbH, Karlsruhe, KfK-CAD 59.

[21]   Development of graphic software systems for the mechanical
        engineering design. Proceedings of the Symposium Computer-
        Aided Design in Mechanical Engineerings, Polytecnica di
        Milano, Oktober 1976, S. 267 - 278.

[22]   Beitz, W., Grünanger, G.: Rechnerunterstütztes Entwer-
        fen als Vorphase zur automatisierten Zeichnungserstel-
        lung mit dem Programmsystem REKO. Report Nr. 7, Verein
        der Freunde des Instituts für Werkzeugmaschinen und
        Fertigungstechnik der TU Berlin e. V., Berlin 1977.

[23]   TIPS WORKING GROUP: Tips-1, Technical Information
        Processing SYSTEM FOR CAD/CAM. Institute of Precision
        Engineering, Hokkaido University, Sapporo.

[24]   Tuffentsammer, K., Ruoff, F., Wolf, M., Lueg, H.:
        Vorgabezeitermittlung und Arbeitsplanerstellung im
        Dialog mit dem Rechner. TZ für Metallbearbeitung 71
        (1977)7, S. 49 - 52.

[25]   Autorengemeinschaft: Rationalisierung im Vorfeld der
        Fertigung. Automatische Erstellung von Fertigungsunter-
        lagen. Bericht über das 16. AWK. Industrieanzeiger 100
        (1978) Nr. 77.

[26]   Hahn, J.: Automatische Fertigungsplanung für kurven-
        gesteuerte Einspindel-Drehautomaten. Dr.-Ing.-Diss.
        TU Berlin 1970.

[27]   Minkmar, H.: Maschinelle Erstellung von Arbeitsplänen
        für die Fertigung auf Mehrspindel-Drehautomaten. Dr.-
        Ing.-Diss. TU Berlin 1973.

[28]   Spur, G.: Rechnerunterstützte Zeichnungserstellung und
        Arbeitsplanung, Zeitschrift für wirtschaftliche Ferti-
        gung ZwF 72 (1977) 11 ff.

[29]   Meyer, K.-D.: Automatisierte Drehteilkalkulation. Unver-
        öffentl. Bericht des Instituts für Fertigungstechnik
        und spanende Werkzeugmaschinen (IFW), TU Hannover, 1977.

[30] Eversheim, W. u. a.: Maschinelle Arbeitsplanerstellung,
      Kernforschungszentrum Karlsruhe GmbH, Karlsruhe, KfK-
      CAD 46.

[31] Hoheisel, W.: System zur rechnerunterstützten Arbeitsplan-
      erstellung für die Blechbearbeitung, HGF-Kurzbericht
      78/28 Ind.-Anzeiger 100 (1978) 46, S. 34, 35.

[32] Noack, P.: Rechnerunterstützte Arbeitsplanerstellung
      und Kostenberechnung beim Kaltmassivumformen von Stahl,
      Ber. aus dem Inst. f. Umformtechnik, Univ. Stuttgart,
      Nr. 48. Essen: Girardet 1979.

[33] Projektbericht '78: Maschinenbau, Kernforschungszentrum
      Karlsruhe GmbH, Karlsruhe KfK-CAD 52, 1978.

[34] Eversheim, W. u. a.: Entwicklung einer Methode zur Er-
      stellung und Aktualisierung von Relativkosten-Katalogen,
      Kernforschungszentrum Karlsruhe GmbH, Karlsruhe KfK-
      CAD 45, 1977.

[35] Lange, K., Geiger, M., Rebholz, M.: Analytische Berech-
      nung von Schrumpfverbindungen unter radialem Innendruck.
      Kernforschungszentrum Karlsruhe GmbH, Karlsruhe KfK-
      CAD 98, 1979.

[36] Krämer, G.: Beitrag zur beanspruchungsgerechten Ausle-
      gung von rotationssymmetrischen Fließpreßmatrizen.
      Berichte aus dem Institut für Umformtechnik, Universi-
      tät Stuttgart, Nr. 49. Essen: Girardet 1979.

[37] Lange, K. u. a.: Lehrbuch der Umformtechnik, Band 2:
      Massivumformung. Berlin/Heidelberg/New York: Springer
      1974.

[38] Tönshoff, H. K., Meyer, K.-D.: Computer kalkulieren
      Kosten. Betriebstechnik Juni 1978, S. 19 - 22.

[39] VDI-Richtlinie 3138: Kaltfließpressen von Stählen und
      NE-Metallen. Bd. 1 - 3. Düsseldorf: VDI-Verlag 1970.

[40] Gentzsch, G.: Kaltstauchen, Fließpressen, Massivprä-
     gen. Schriftenreihe "Stand der Technik", Düsseldorf:
     VDI-Verlag 1968.

[41] Reihle, M.: Ein einfaches Verfahren zur Aufnahme der
     Fließkurven von Stahl bei Raumtemperatur. Archiv für
     das Eisenhüttenwesen 32 (1961) S. 331 - 336.

[42] Noack, P.: Nachbearbeitung kaltumgeformter, massiver
     Werkstücke. Berichte aus dem Institut für Umformtechnik,
     Universität Stuttgart (in Vorbereitung).

[43] Dipper. M.: Das Fließpressen von Hülsen in Rechnung und
     Versuch. Archiv für das Eisenhüttenwesen 20 (1949),
     S. 275 - 286.

[44] Nowak, G.: Das Kostendenken des Ingenieurs, Düsseldorf:
     VDI-Verlag 1968.

[45] Kostenrechnung mit Maschinenstundensätzen VDI-Richtli-
     nie 3258. Düsseldorf: VDI-Verlag 1962.

[46] Lange,K., Glöckl,H., Rebholz,M.: Veränderung der Herstell-
     kosten spanend und umformend gefertigter gleicher Werk-
     stücke bei Erhöhung der Energiekosten. wt-Z.ind.Fertig.
     69 (1979) S. 521 - 525.

Berichte aus dem Institut für Umformtechnik der Universität Stuttgart

Herausgeber Professor Dr.-Ing. Kurt Lange

29   Untersuchungen über das Aufweittiefziehen
Von P. S. Raghupathi, M. E. ISBN 3-7736-0780-6.
80 Seiten Text u. 54 Seiten mit 73 Bildern u. 2 Tafeln.   32,— DM

30   Faltenbildung als Verfahrensgrenze beim Stauchen von Hohlkörpern
Von Dipl.-Ing. Klaus Dieterle. ISBN 3-7736-0781-4.
55 Seiten Text u. 35 Seiten mit 43 Bildern u. 3 Tafeln.   28,— DM

31   Beitrag zur Ermittlung von Fließkurven im kontinuierlichen hydraulischen Tiefungsversuch
Von Dipl.-Ing. Franc Gologranc. ISBN 3-7736-0785-7.
125 Seiten Text u. 58 Seiten mit 95 Bildern u. 6 Tafeln.   Vergriffen

32   Untersuchungen an Strangpreßmatrizen
Von Dipl.-Ing. Klaus Gieselberg. ISBN 3-7736-0786-5.
101 Seiten Text u. 56 Seiten mit 69 Bildern.   45,— DM

33   Beitrag zur Messung der Strangoberflächentemperatur beim Strangpressen
Von Dipl.-Ing. Karl-Heinz Friedrich. ISBN 3-7736-0787-3.
83 Seiten Text u. 90 Seiten mit 84 Bildern u. 3 Tafeln.   48,— DM

34   Über das Umformverhalten von Blechen aus Titan und Titanlegierungen
Von Dipl.-Ing. Hans Wilhelm. ISBN 3-7736-0788-1.
107 Seiten Text u. 69 Seiten mit 76 Bildern u. 13 Tafeln.   48,— DM

35   Untersuchung der magnetischen Induktion, Stromdichte und Kraftwirkung bei der Magnetumformung
Von Dipl.-Ing. Volker Schmidt. ISBN 3-7736-0789-X.
60 Seiten Text u. 53 Seiten mit 84 Bildern.   21,— DM

36   Der Stofffluß beim kombinierten Napffließpressen
Von Dipl.-Ing. Rolf Geiger. ISBN 3-7736-0790-3.
111 Seiten Text u. 74 Seiten mit 80 Bildern u. 6 Tafeln.   Vergriffen

37   Beitrag zum Verhalten superplastischer Werkstoffe beim Massivumformen
Von Dipl.-Ing. Hans Schelosky. ISBN 3-7736-0791-1.
123 Seiten Text u. 61 Seiten mit 60 Bildern u. 4 Tafeln.   48,— DM

38   Energieumsatz beim elektrohydraulischen Umformen
Von Dipl.-Ing. Hans-Joachim Weckerle. ISBN 3-7736-0792-X.
103 Seiten Text u. 46 Seiten mit 56 Bildern.   45,— DM

39   Elastische Wechselwirkungen an Gestell und Hauptgetriebe weggebundener Pressen
Von Dipl.-Ing. Lutz Schemperg. ISBN 3-7736-0793-8.
91 Seiten Text u. 58 Seiten mit 65 Bildern u. 3 Tafeln.   45,— DM

40   Über das plastische Verhalten von Sintermetallen bei Raumtemperatur
Von Dipl.-Ing. Hartmut Höneß. ISBN 3-7736-0794-6.
84 Seiten Text u. 54 Seiten mit 67 Bildern u. 2 Tafeln.   45,— DM

41   Untersuchungen zum Halbwarmfließpressen von Stahl
Von Dr.-Ing. Rolf Geiger, Dipl.-Ing. Eckart Dannenmann und Dipl.-Ing. Jean Stefanakis.
ISBN 37736-0795-4. 50 Seiten Text u. 33 Seiten mit 34 Bildern u. 2 Tafeln.   Vergriffen

42   Änderung der Werkstoffeigenschaften beim Ziehen von zylindrischen Hohlkörpern aus austenitischen und ferritischen nichtrostenden Stählen
Von Dipl.-Ing. Rolf Zeller. ISBN 3-7736-0796-2.
80 Seiten Text u. 52 Seiten mit 34 Bildern u. 2 Tafeln.   38,— DM

43   Untersuchungen über das Fließpressen superplastischer Werkstoffe
Von Dr.-Ing. Hans Schelosky. ISBN 3-7736-0797-0.
36 Seiten Text u. 24 Seiten mit 26 Bildern u. 1 Tafel.   30,— DM

44   Umformende Bearbeitung in flexiblen Fertigungssystemen
Von Dipl.-Ing. Hartmut Kaiser. ISBN 3-7736-0798-9.
87 Seiten Text u. 24 Seiten mit 47 Bildern.   36,— DM

45   Geometrische Eigenschaften tiefgezogener kreiszylindrischer Näpfe
Von Dipl.-Ing. Dieter Schlosser. ISBN 3-7736-0799-7.
107 Seiten Text u. 64 Seiten mit 60 Bildern u. 9 Tafeln.   48,— DM

46   Die Eigenschaften einer AlZnMgCu-Legierung nach ausgewählten Kombinationen von Wärmebehandlung und Kaltumformung
Von Dipl.-Ing. Karl Hankele. ISBN 3-7736-0880-2.
86 Seiten Text u. 51 Seiten mit 52 Bildern u. 4 Tafeln.   45,— DM

47   Kaltmassivumformen von Sintermetall
Von Dipl.-Ing. Hans Dieter Schacher. ISBN 3-7736-0881-0.
84 Seiten Text u. 44 Seiten mit 47 Bildern u. 5 Tafeln.   42,— DM

48   Rechnerunterstützte Arbeitsplanerstellung und Kostenrechnung beim Kaltmassivumformen von Stahl
Von Dipl.-Ing. Peter Noack. ISBN 3-7736-0882-9.
216 Seiten Text u. 116 Seiten mit 134 Bildern u. 23 Tafeln.   65,— DM

49   Beitrag zur beanspruchungsgerechten Auslegung von rotationssymmetrischen Fließpreßmatrizen
Von Dipl.-Ing. Günther Krämer. ISBN 3-7736-0883-7.
94 Seiten Text u. 53 Seiten mit 56 Bildern.   48,— DM

50   Erzeugung gratfreier Schnittflächen durch Aufteilen des Schneidvorgangs (Konterschneiden)
Von Dipl.-Ing. Heinz Liebing. ISBN 3-7736-0884-5.
87 Seiten Text u. 51 Seiten mit 55 Bildern u. 4 Tafeln..   46,— DM

Die Berichte 1 bis 28 sind zu beziehen durch das Institut für Umformtechnik, Holzgartenstr. 17, 7000 Stuttgart 1
Die Berichte 29 bis 50 sind zu beziehen durch den Verlag W. Girardet, Postfach 9, 4300 Essen

Die Berichte 51 und folgende sind zu beziehen durch den Springer-Verlag, Berlin Heidelberg New York